U0322334

BIM建模与实时渲染技术

主 编 宋强 赵炜 郭敏

北京理工大学出版社
BEIJING INSTITUTE OF TECHNOLOGY PRESS

内 容 提 要

《BIM建模与实时渲染技术》讲解BIM核心建模软件Autodesk Revit的建模技术和BIM专业渲染软件Twinmotion的渲染技术。本书含23个任务章节及后附的《习题与能力提升视频资源库》，内容包括墙、柱、门窗、楼板、幕墙等常规建筑构件的Revit建模技术，参数化族和体量的Revit建模技术，建筑场地的Revit建模技术，渲染、漫游、工程量统计、建筑平立剖规范化出图、DWG文件为底图的Revit模型应用技术，Twinmotion和Revit的模型同步技术，Twinmotion软件的模型处理、视角丰富、地形、外环境设置的Twinmotion渲染技术，照片、动画、施工成果的输出。后附《习题与能力提升视频资源库》有29个子视频资源库，内含78个能力提升习题和每道习题的讲解视频，内容包括每个章节的习题讲解视频，以及"1+X"BIM初级、"1+X"BIM中级结构工程、全国BIM技能等级考试真题讲解26道，并另附别墅、办公楼和污水处理站三个实际工程BIM建模与渲染的全套视频资源。

本书的编写与BIM国家标准和"1+X"BIM职业技能标准吻合，不仅可以作为高等职业院校建筑设计类、土建施工类和工程管理类专业的教学用书，也能作为"1+X"BIM考试培训用书。

版权专有　侵权必究

图书在版编目（CIP）数据

BIM建模与实时渲染技术 / 宋强，赵炜，郭敏主编
. -- 北京：北京理工大学出版社，2021.10
ISBN 978-7-5763-0585-2

Ⅰ.①B… Ⅱ.①宋… ②赵… ③郭… Ⅲ.①建筑设计—计算机辅助设计—应用软件　Ⅳ.①TU201.4

中国版本图书馆CIP数据核字（2021）第227529号

出版发行／北京理工大学出版社有限责任公司
社　　址／北京市海淀区中关村南大街5号
邮　　编／100081
电　　话／（010）68914775（总编室）
　　　　　（010）82562903（教材售后服务热线）
　　　　　（010）68944723（其他图书服务热线）
网　　址／http://www.bitpress.com.cn
经　　销／全国各地新华书店
印　　刷／河北鑫彩博图印刷有限公司
开　　本／787毫米×1092毫米　1/16
印　　张／16.5
字　　数／431千字
版　　次／2021年10月第1版　2021年10月第1次印刷
定　　价／78.00元

责任编辑／钟　博
文案编辑／钟　博
责任校对／周瑞红
责任印制／边心超

图书出现印装质量问题，请拨打售后服务热线，本社负责调换

FOREWORD 前言

在建筑技术的不断发展下，传统的二维制图已经无法满足现阶段建设工程的发展要求，建筑信息模型（Building Information Modeling, BIM）的出现，引发了建筑行业的一场新革命。随着BIM技术的广泛应用，BIM模型创建与渲染已经成为BIM工程应用及各类BIM比赛的必需要求。

本书讲解BIM建模与渲染技术，其中，BIM建模使用的是Autodesk Revit软件，BIM渲染使用的是Twinmotion软件。Autodesk Revit软件是现阶段民用建筑普及率较高的一款BIM核心建模软件；Twinmotion软件是一款可以与Autodesk Revit实时同步的可视化渲染软件，可快速导出高质量图像、视频和360°全景文件。

本书正文包含绪论及23个任务：在绪论中，简述BIM在我国国家标准中的定义、Revit和Twinmotion软件的特点和价值等；任务1～任务10，讲解Revit软件常规的建模方法，包括标高、轴网、结构柱、墙、门窗、楼板、屋顶、楼梯、幕墙，以及台阶、散水等建筑常用构件；任务11、任务12，讲解Revit的族和体量，包括系统族、标准构件族、内建族、体量和体量研究，并含参数化窗族的创建；任务13～任务16，讲解Revit场地的创建以及模型的进一步应用，包括渲染、漫游、工程量统计、建筑平立剖规范化出图、DWG文件为底图的建模技术；任务17～任务23，讲解Twinmotion软件的应用，包括Twinmotion和Revit的模型同步，Twinmotion软件的模型处理、视角丰富、地形、外环境设置以及照片、动画、施工成果的输出。

本书后附《习题与能力提升视频资源库》，包含29个子视频资源库，其中，第1～第23个子视频资源库对应的是本书正文中的第1～第23任务章节的习题资源，第24～第29个子视频资源库是综合工程实例讲解，为别墅、办公楼和污水处理站三个工程的BIM建模与渲染视频讲解。

本书具有以下特点。

1. 采用"工作任务式"与"传统式"相结合的教材编写方法

在每个任务的前半部分，以解决"教学楼工程"BIM建模与渲染为工作任务，详细讲解解决该任务的具体方法与步骤；鉴于该项工作任务并不能涵盖所有的知识点，每个任务的后半部分，详细讲解该项工作任务所涉及的其他相关技术。

2. "解决思路"培养和"技能操作"培养并重

工作任务案例讲解包含"任务要求""解决思路""操作步骤"三部分。其中，"任务要求"是提出工作任务；"解决思路"是解决该项任务的总体思路；"操作步骤"是软件操作的详细步骤。

Revit和Twinmotion软件中的很多命令都有其固定的操作流程，必须按照相应的操作流程才能得到想要的结果，因此，在操作软件之前先有正确的"解决思路"是非常重要的。

3. 形成一个较为丰富的精品课资源库

本书配有详细的随书文件、正文讲解视频，以及《习题与能力提升视频资源库》和每道习题的讲解视频，包含每章节完成后的模型文件、正文讲解视频 87 个，以及习题与能力提升习题文件 78 个和每道习题的讲解视频。

4. 与 BIM 国家标准和"1+X"BIM 职业技能标准吻合，并有真题讲解 26 道

本书的编写参照《建筑工程设计信息模型制图标准》(JGJ/T 448—2018)、《建筑信息模型设计交付标准》(GB/T 51301—2018) 等 BIM 国家标准及"1+X"BIM 职业技能标准，且后附的《习题与能力提升视频资源库》内有"1+X"BIM 初级、"1+X"BIM 中级结构工程、全国 BIM 技能等级考试真题讲解 26 道。

5. 工作案例源于工程实际，校企共同开发

本书的工程案例源于青岛建邦工程咨询有限公司提供的实际工程项目，同时，中建八局发展建设有限公司、中建八局第四建设有限公司青岛分公司、青岛建邦工程咨询有限公司的技术人员也参与了本书的开发与校核。在此，对以上公司的参与开发表示感谢。

本书作者在编写过程中力求内容丰满充实、编排层次清晰、表述符合教学的要求，但受限于时间、经验和能力，书中难免有疏漏和错误之处，恳请广大读者批评指正。

编　者

CONTENTS 目录

CONTENTS

CONTENTS

CONTENTS

绪　论

0.1　BIM 概述

建筑信息模型(Building Information Modeling，BIM)作为一种全新的理念和技术，受到国内外学者和业界的普遍关注。

我国《建筑信息模型应用统一标准》(GB/T 51212—2016)、《建筑信息模型施工应用标准》(GB/T 51235—2017)对 BIM 的定义为：在建设工程及设施全生命期内，对其物理和功能特性进行数字化表达，并依此设计、施工、运营的过程和结果的总称。

0.2　Revit 软件

BIM 价值的实现需要依靠软件来完成，Revit 软件是现阶段民用建筑普及率较高的一款 BIM 核心建模软件。

1. Revit 软件概述

Revit 是 Autodesk 公司一套系列软件的名称。Autodesk Revit 提供支持建筑设计、MEP 工程设计和结构工程的工具。

(1)Revit Architecture。Revit 软件可以按照建筑师和设计师的思考方式进行设计，因此，可以提供更高质量、更加精确的建筑设计。通过使用专为支持建筑信息模型工作而构建的工具，可以获取并分析概念，并可通过设计、文档和建筑保持用户的视野。强大的建筑设计工具可帮助用户捕捉和分析概念，并保持从设计到建筑的各个阶段的一致性。

(2)Revit MEP。Revit 向暖通、电气和给水排水(MEP)工程师提供工具，可以设计复杂的建筑机电系统。可帮助暖通、电气和给水排水(MEP)工程师设计和分析高效的建筑机电系统，并为这些系统编档；支持建筑机电从概念设计到精确设计，以及优化分析和结果导出。

(3)Revit Structure。Revit 软件为结构工程师和设计师提供了工具，可以更加精确地设计和建造高效的建筑结构。为支持建筑信息建模(BIM)而构建的 Revit 可帮助用户使用智能模型，通过模拟和分析深入了解项目，并在施工前预测性能。使用智能模型中固有的坐标和一致信息，提高文档设计的精确度。专为结构工程师构建的工具可帮助用户更加精确地设计和建造高效的建筑结构。

【说明】本书 BIM 建模使用的主要是 Revit 软件的 Architecture 工具。

2. Revit 较 CAD 的优势

CAD 技术使建筑师、工程师从手工绘图转向计算机辅助制图，实现了工程设计领域的第一次信息革命。但是此信息技术对产业链的支撑作用是断点的，各个领域和环节之间没有关联，从产业整体来看，信息化的综合应用明显不足。BIM 是一种技术、一种方法、一种过程，它既包括建筑物全生命周期的信息模型，又包括建筑工程管理行为的模型，它将两者进行完美的结合，从而实现集成管理，它的出现可能引发整个 AEC(Architecture/Engineering/ Construction)

领域的第二次革命。

Revit 软件较 CAD 软件的优势见表 0.2.1。

表 0.2.1　Revit 软件较 CAD 软件的优势

面向对象	CAD	Revit
基本元素	基本元素为点、线、面，无专业意义	基本元素如墙、窗、门等，不但具有几何特性，还具有建筑物理特征和功能特征
修改图元位置或大小	需要再次画图，或者通过"拉伸"命令调整大小	所有图元均为参数化建筑构件，附有建筑属性；在"族"的概念下，只需要更改属性，就可以调节构件的尺寸、样式、材质、颜色等
各建筑元素间的关联性	各个建筑元素之间没有相关性	各个构件是相互关联的，例如，删除一面墙，墙上的窗和门会跟着自动删除；删除一扇窗，墙上原来窗的位置会自动恢复为完整的墙
建筑物整体修改	需要对建筑物各投影面依次进行人工修改	只需进行一次修改，则与之相关的平面图、立面图、三维视图、明细表等都自动修改
建筑信息的表达	提供的建筑信息非常有限，只能将纸质图纸电子化	包含了建筑的全部信息，不仅提供形象可视的二维和三维图纸，而且提供工程量清单、施工管理、虚拟建造、造价估算等更加丰富的信息

0.3　Twinmotion 软件

1. Twinmotion 软件概述

Twinmotion 软件为 Abvent 公司旗下，是一款致力于建筑、城市规划和景观可视化的专业 3D 实时渲染软件，与传统的漫长渲染过程相比，Twinmotion 软件极快的渲染速度可在几秒内导出高质量图像、视频和360°全景文件。同时，制作导出的 3D 立体视频与 3D 设备(3D 电视、3D 投影仪等)结合后能够为用户带来逼真体验，从而更好地诠释、展现设计效果。Twinmotion 软件支持研究光照、选择季节、调节天气等环境系统，支持 VR 虚拟现实操作。在 Twinmotion 软件中可以实时地控制风、雨、云等天气效果，也可以快速添加树木、覆盖植被、人物和车辆动态效果(图 0.3.1)。

Twinmotion 软件本身包含了一个庞大而丰富的内容库，里面有人物、汽车、街道、广告、贴图等模型供作图使用。对模型雕刻地形并为其绘制纹理；使用自定义或软件自带资源库修改材质；使用资源库添加一个人物或添加一组人群路径；绘制车辆的路径并开启行进模式；可以将水潭变为汪洋大海或将大海变成游泳池；可以快速创建森林并根据季节调节树叶颜色；可以变化模型的一年四季和天气；通过各种移动模式(行走、车速、飞行)从各个视角观察用户的项目。通过插件可以直接将 Revit 模型进行导出并使用；也可以实现无缝连接，即将 Revit 模型与 Twinmotion 软件场景同步修改。使用 Twinmotion 软件，可以在几分钟内就为自己的项目创建高清图像与高清视频。

图 0.3.1　Twinmotion 软件

2. Twinmotion 软件的特性

目前，官网有三个 Twinmotion 版本可供使用，分别是 2021.1.3、2020.2.3 和 2020.1.2，可根据个人作图习惯选用(图 0.3.2)。Twinmotion 作为用户探索、分享并展示作品环境、氛围、空间和视角的最佳交互式工具，无论是前期构思、客户展示、产品预售，还是项目前期的策略制定，Twinmotion 都是不可或缺的得力助手。

图 0.3.2　Twinmotion 当前版本

Twinmotion 软件具有渲染逼真、GPU＋CPU 优化、上手容易、功能齐全等丰富多彩的功能优势，非常值得使用。

在 Twinmotion 中可以使用安装在 Revit 上的导入 Twinmotion 软件的插件，也可以使 Revit 与 Twinmotion 软件实时同步修改（注：此插件只支持 2017 Revit 及以上版本）。

0.4　Twinmotion 与 Revit 的结合使用

Twinmotion 软件的应用降低了技术应用的门槛，提升了作图渲染的工作效率，是一款可以与 Revit 一键同步的可视化渲染软件。将 Revit 制作的设计模型导入到 Twinmotion 软件中，再调节材质、增强光影效果、创建地形和人物、制作动画等，最终达到用户满意的视觉效果。

Twinmotion 软件可以解决建筑设计师、装饰设计师和景观设计师使用 Revit 时遇到的一些问题。例如，将真实的照片图像和技术信息在同一个平台同时展示出来，让所有项目工作人员充分了解项目内容，包括非技术人员，特别是甲方人员，展示所有设计内容，让其更加充分了解项目内容。

任务 1 新建 Revit 项目

学习目标

(1)掌握使用给定的样板文件打开 Revit 的方法。
(2)掌握项目基本信息的设置方法。
(3)了解项目文件和样板文件的区别。
(4)了解 Revit 工作界面所包含的内容。

任务描述

序号	工作任务	任务驱动
1	使用给定的样板文件打开 Revit	选择"任务 1\样板文件.rte"新建一个项目文件
2	设置项目的基本信息	选择"项目信息"工具进行项目信息设置
3	正确区分项目文件和样板文件	1. 了解项目文件和样板文件的含义; 2. 了解项目文件和样板文件的后缀名; 3. 掌握样板文件默认位置的设置方法
4	明晰 Revit 工作界面所含工具	1. 了解 Revit 工作界面包含的应用程序按钮、属性选项板、项目浏览器等内容 2. 掌握属性面板和项目浏览器的打开、关闭方式

任务的解决与相关技术

1.1 工作任务:新建"教学楼工程"项目

任务要求:

使用项目给定的样板文件,新建一个 Revit 项目文件,并进行"项目发布日期""客户名称""项目地址""项目名称"等项目基本信息的设置。

解决思路:

(1)打开 Revit 软件,单击"新建"按钮,在弹出的"新建项目"对话框中选择一个样板文件,单击"确定"按钮,可基于该样板文件新建一个项目文件。

(2)单击"管理"选项卡"设置"面板中的"项目信息"按钮,在弹出的"项目属性"对话框中设置项目基本信息。

教学楼案例:
新建项目与设置

操作步骤：

双击桌面上生成的 Revit 快捷图标，打开软件之后的界面含"打开或新建项目""最近打开的项目""打开或新建族""最近打开的族"（图 1.1.1）。

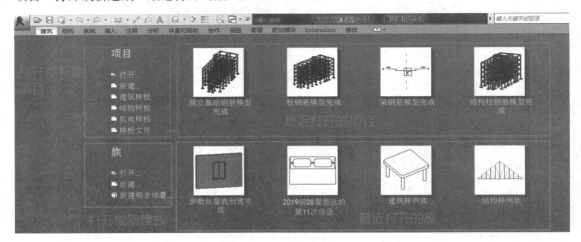

图 1.1.1 启动 Revit 的主界面

【备注】若启动 Revit 的主界面中无"建筑样板""结构样板""系统样板"等，可见"1.2.3 样板文件默认位置的设置"章节。

单击"新建"按钮（图 1.1.2）。在弹出的"新建项目"对话框中，单击"浏览"按钮，在弹出的"选择样板"对话框中单击随书文件"任务 1\样板文件 .rte"，单击"确定"按钮。

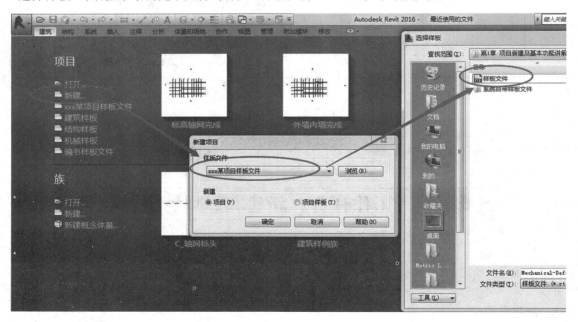

图 1.1.2 新建项目

项目基本信息设置：单击"管理"选项卡"设置"面板中的"项目信息"按钮，在弹出的"项目属性"对话框中设置"项目发布日期"为"2019 年 1 月 1 日"，"客户名称"设置为"×××大学"，单击

"项目地址"右侧的"编辑"按钮,"项目地址"设置为"×××省×××市×××路×××号","项目名称"设置为"教学楼",单击"确定"按钮退出对话框,如图1.1.3所示。

单击左上角的"保存"按钮,或使用"Ctrl"+"S"快捷方式进行保存,设置文件名为"项目信息设置完成",第一次保存时可以单击"选项"按钮,设置"最大备份数"为"1",单击"确定"按钮退出。

其他	
项目发布日期	2019年1月1日
项目状态	
客户姓名	XXX大学
项目地址	XXX省XXX市XXX路XXX号
项目名称	教学楼
项目编号	

完成的文件见随书文件"任务1\项目信息设置完成.rvt"。

图1.1.3 项目基本信息设置

1.2　相关技术:"项目文件"与"样板文件"

1.2.1　"项目文件"与"样板文件"的概念

(1)项目文件。Revit中,所有的设计信息都被存储在一个后缀名为".rvt"的Revit"项目"文件中。在Revit中,项目就是单个设计信息数据库——建筑信息模型。项目文件包含了建筑的所有设计信息(从几何图形到构造数据),包括建筑的三维模型、平立剖面及节点视图、各种明细表、施工图图纸及其他相关信息。这些信息包括用于设计模型的构件、项目视图和设计图纸。对模型的一处进行修改,该修改可以自动关联到所有相关区域(如所有的平面视图、立面视图、剖面视图、明细表等)中。

项目文件与样板
文件的区别

随书文件"任务1"文件夹中的"项目信息设置完成.rvt"为项目文件。

(2)样板文件。Revit需要一个后缀名为".rte"的文件作为项目样板,才能新建一个项目文件,这个".rte"格式的文件称为样板文件。Revit的样板文件功能同AutoCAD的".dwt"文件,样板文件中定义了新建项目中默认的初始参数,如项目中默认的度量单位、默认的楼层数量的设置、层高信息、线型设置、显示设置等。用户可以自定义样板文件,并保存为新的".rte"文件。

随书文件"任务1"文件夹中的"样板文件.rte"为样板文件。

1.2.2　系统自带的样板文件的位置

正常安装的情况下,系统默认样板文件的储存路径为"C:\ProgramData\Autodesk\RVT20××\Templates\China"。

【说明】:路径中的"20××"是Revit软件的版本号。

系统自带的"建筑样板"文件为该路径下的"DefaultCHSCHS"文件,"结构样板"文件为该路径下的"Structural Analysis-DefaultCHNCHS"文件,"构造样板"文件为该路径下的"Construction-DefaultCHSCHS"文件。

1.2.3　样板文件默认位置的设置

单击左上角的"Revit"图标(即应用程序按钮),在下拉列表中单击右下角"选项"按钮(图1.2.1)。在弹出的"选项"对话框中单击"文件位置",在右侧的"名称"栏输入自定义的样板文件名称，在"路径"栏找到相应样板文件，单击"确定"按钮退出对话框。图 1.2.2 是已经设置好的样板文件位置。

【说明】 "任务1"文件夹中有系统自带的样板文件。

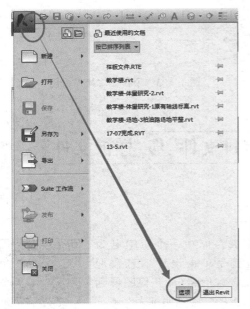

图 1.2.1 选项　　　　　　　　　　图 1.2.2 设置完成的样板文件位置

1.2.4 基于系统自带的样板文件创建项目文件的方法

方法一：在启动的 Revit 主界面中，单击"项目"下的"建筑样板"（图 1.2.3）。因为在图 1.2.2 中已经设置好"建筑样板"的位置，所以可以直接打开软件自带的建筑样板文件"C：\ProgramData\Autodesk\RVT20××\Templates\China\DefaultCHSCHS"。

方法二：在启动的 Revit 主界面中，单击"项目"下的"新建"按钮，在弹出的"新建项目"对话框中，单击"样板文件"下拉菜单中的"建筑样板"（图 1.2.4），再单击"确定"按钮。这种方法也可打开软件自带的建筑样板文件。

图 1.2.3 单击"建筑样板"

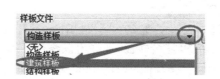

图 1.2.4 "新建项目"对话框

方法三：在弹出的"新建项目"对话框中，单击"浏览"按钮，找到系统自带的建筑样板文件"C：\ProgramData\Autodesk\RVT2016\Templates\China\DefaultCHSCHS"，单击"确定"按钮打开。

1.3　相关技术：Revit 工作界面

新建一个项目文件后，进入到 Revit 的工作界面，如图 1.3.1 所示。

Revit 工作界面

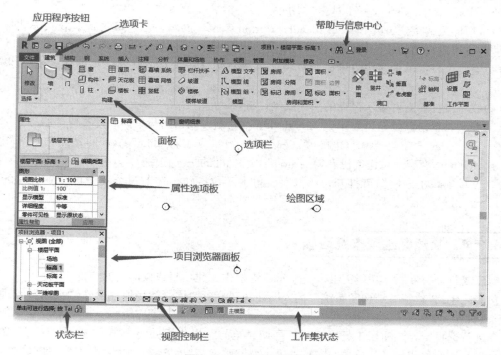

图 1.3.1　Revit 工作界面

1.3.1　应用程序按钮

单击"应用程序"按钮，下拉列表中包括"新建""保存""另存为""导出"等选项。单击"另存为"，可将项目文件另存为新的项目文件（".rvt"格式）或新的样板文件（".rte"格式）。

单击"应用程序"菜单左下角的"选项"按钮，弹出程序的"选项"对话框，可进行以下设置：

(1)"常规"选项：设置保存自动提醒时间间隔，设置用户名，设置日志文件数量等。

(2)"用户界面"选项：配置工具和分析选项卡，设置快捷键。

(3)"图形"选项：设置背景颜色，设置临时尺寸标注的外观。

(4)"文件位置"选项：设置项目样板文件路径、族样板文件路径、设置族库路径。

1.3.2　快速访问工具栏

快速访问工具栏包含一组默认工具，可以对该工具栏进行自定义，使其显示常用的工具。

1.3.3　帮助与信息中心

帮助与信息中心如图1.3.2所示。

（1）搜索：在搜索框中输入关键字后，单击"搜索"按钮即可得到需要的信息。

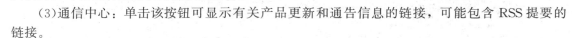

图1.3.2　帮助与信息中心

（2）Subscription Center：针对捐赠用户，单击该按钮即可链接到Autodesk公司Subscription Center网站，用户可自行下载相关软件的工具插件，可管理自己的软件授权信息等。

（3）通信中心：单击该按钮可显示有关产品更新和通告信息的链接，可能包含RSS提要的链接。

（4）收藏夹：单击可显示保存的主题或网站链接。

（5）登录：单击该按钮可登录到Autodesk 360网站，以访问与桌面软件集成的服务。

（6）Exchange Apps：单击该按钮可登录到Autodesk Exchange Apps网站，选择一个Autodesk Exchange商店，可访问已获得Autodesk©批准的扩展程序。

（7）帮助：单击该按钮可打开帮助网页。单击下拉按钮，在下拉菜单中可找到更多的帮助资源。

1.3.4　功能区选项卡及面板

创建或打开文件时，功能区会有所显示。它提供创建项目或族所需的全部工具。

功能区包括"建筑""结构""系统""插入""注释""分析""体量和场地""协作""视图""管理""修改"等选项卡。

在进行选择图元或使用工具操作时，会切换至与该操作相关的上下文选项卡，上下文选项卡的名称与该操作相关。如单击"建筑"选项卡"构建"面板"墙"下拉列表中的"墙：建筑"按钮时，上下文选项卡的名称为"修改｜放置 墙"，如图1.3.3所示。

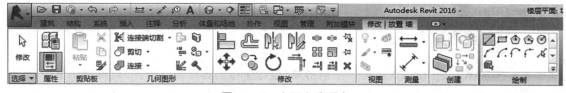

图1.3.3　上下文选项卡

上下文选项卡显示与该工具或图元的上下文相关的工具，在许多情况下，上下文选项卡与"修改"选项卡合并在一起。退出该工具或清除选择时，上下文选项卡会关闭。

1.3.5　选项栏

"选项栏"位于"面板"的下方、"绘图区域"的上方。其内容根据当前命令或选定图元的变化而变化，从中可以选择子命令或设置相关参数。

如单击"建筑"选项卡"构建"面板中的"墙"按钮时，选项栏如图1.3.4所示。

图1.3.4　选项栏

1.3.6 "属性"选项板(即"属性"面板)

通过"属性"选项板，可以查看和修改定义 Revit 中图元属性的参数。启动 Revit 时，"属性"选项板处于打开状态并固定在绘图区域左侧项目浏览器的上方。图 1.3.5 所示为单击"建筑"选项卡"构建"面板中的"墙"按钮后显示的"属性"选项板。

任务要求：

打开或关闭"属性"选项板的显示。

解决思路：

"视图"选项卡"窗口"面板中的"用户界面"。

操作详解：

有两种方法可关闭或打开"属性"选项板：

方法一：单击"视图"选项卡"窗口"面板中的"用户界面"按钮，在下拉列表中勾选或不勾选"属性"即为打开或关闭"属性"选项板的显示(图 1.3.6)。

方法二：单击"修改"选项卡"属性"面板中的"属性"按钮(图 1.3.7)，可打开或关闭"属性"选项板的显示。

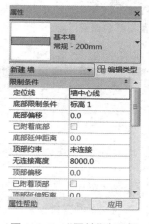

图 1.3.5 "属性"选项板

图 1.3.6 "用户界面"下拉列表

图 1.3.7 "属性"按钮

1.3.7 "项目浏览器"面板

Revit 将所有的视图(含楼层平面、三维视图、立面等)、图例、明细表、图纸，以及明细表、族等分类放在"项目浏览器"中统一管理，如图 1.3.8 所示。双击某个视图名称即可打开相应视图，选择视图名称单击鼠标右键即可找到复制、重命名、删除等常用命令。

1.3.8 视图控制栏

视图控制栏位于绘图区域下方，单击"视图控制栏"中的按钮，即可设置视图的比例、详细程度、模型图形样式、阴影、渲染、裁剪区域、隐藏\隔离等。

图 1.3.8 项目浏览器

1.3.9 状态栏

状态栏位于 Revit 工作界面的左下方。使用某一命令时，状态栏会提供相关的操作提示。鼠标光标停在某个图元或构件时，该图元会高亮显示，同时，状态栏会显示该图元或构件的族及类型名称。

1.3.10 绘图区域

绘图区域是 Revit 软件进行建模操作的区域，绘图区域背景的默认颜色为白色。在"选项"对话框"图形"选项卡中的"背景"选项中可以更改背景颜色（图 1.3.9）。

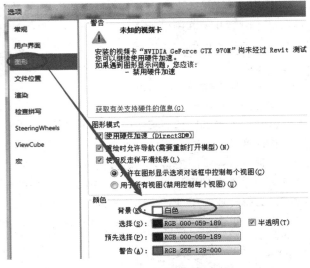

图 1.3.9 背景颜色调整

总　结

双击 Revit 图标可打开 Revit 软件。单击"新建"或"浏览"按钮找到样板文件，并新建一个项目文件。

进入到 Revit 界面后，单击"管理"选项卡"设置"面板中的"项目信息"按钮，在弹出的"项目属性"对话框中可以设置"项目发布日期""客户名称""项目地址""项目名称"等参数。

系统默认的样板文件的储存路径为"C:\ProgramData\Autodesk\RVT20××\Templates\China"。其中，系统自带的"建筑样板"文件为该路径下的"DefaultCHSCHS"文件，自带的"结构样板"文件为该路径下的"Structural Analysis-DefaultCHNCHS"文件，自带的"构造样板"文件为该路径下的"Construction-DefaultCHSCHS"文件。

习题与能力提升

见"习题与能力提升视频资源库"中的习题视频资源 1。

任务 2　Revit 创建标高、轴网

学习目标

(1)掌握创建标高的方法。

(2)掌握创建轴网的方法。

任务描述

序号	工作任务	任务驱动
1	创建标高	1. 使用"标高"工具创建标高； 2. 使用"修改"工具(如复制、阵列等)创建标高； 3. 选择标高，对标高的名称、位置进行修改，了解 2D/3D 转换、拖拽、弯折等功能
2	创建轴网	1. 使用"轴网"工具创建轴网； 2. 使用"复制"工具形成新的轴网； 3. 掌握轴线的编辑方法，包括轴线的"属性"选项板、位置的调整、编号的修改、编号的显示和隐藏等； 4. 掌握弧形轴线和多段轴线的创建方法

任务的解决与相关技术

2.1　工作任务 1：创建"教学楼工程"标高

任务要求：

创建图 2.1.1 中的标高。

解决思路：

在立面视图中，双击标高数值可以修改标高；执行"标高"→"拾取线"命令可快速创建标高；选择标高，在"属性"选项板可以修改标高类型。也可以使用"修改"工具(如复制、阵列等)创建标高，但该方法需要重新生成楼层平面视图。

教学楼案例：标高

操作步骤：

双击打开随书文件"任务 1\项目信息设置完成 . rvt"。确保"属性"选项板、"项目浏览器"面板是打开的状态。

双击"项目浏览器"面板"立面"视图中的任一个立面，如"南立面"（图2.1.2），打开南立面视图。

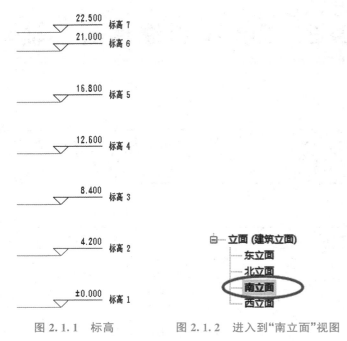

图2.1.1 标高　　　　图2.1.2 进入到"南立面"视图

向前滚动滚轮可以实现绘图区域的放大，向后滚动滚轮可实现绘图区域的缩小，按住鼠标滚轮并移动鼠标可实现绘图区域的平移。使用该操作将绘图区域缩放至"F2"标头处，双击"3.000"，将其改为标高"4.200"，如图2.1.3所示，按Enter键。此时，F2标高改为4.2 m。

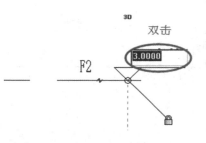

图2.1.3 标高修改

方法一：使用"标高"命令直接创建标高

创建标高：单击"建筑"选项卡"基准"面板中的"标高"按钮（图2.1.4），或输入"LL"快捷键命令创建标高。单击"修改｜放置 标高"上下文选项卡"绘制"面板中的"拾取线"按钮，设置偏移量为"4 200"，光标停在"F2"标高偏上一点，当出现上部预览时单击"F2"，即可生成位于"F2"标高上方4 200 mm处的"F3"标高，如图2.1.5所示。若该标高名称不是"F3"，则单击该标高名称，将名称修改为"F3"。

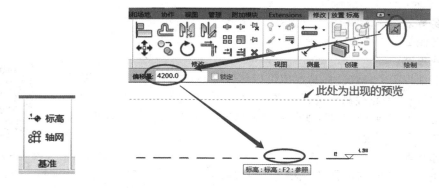

图2.1.4 "标高"按钮　　　　图2.1.5 "拾取线"生成标高

采用类似的方法生成 F4～F7 标高，以及"室外地坪"标高。生成"室外地坪"标高时，需要选择"室外地坪"标高，在"属性"选项板"类型选择器"中将其修改为"C_下标高＋层标"（图 2.1.6）。

完成的项目文件见随书文件"项目 2\标高完成.rvt"。

方法二：使用编辑命令创建标高，需再生成楼层平面

以上是利用"标高"命令直接创建标高，也可以使用"复制""阵列"等修改命令生成标高，但该方法需要重新生成楼层平面视图。

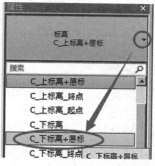

图 2.1.6　修改标高属性

选择"F2"，输入快捷键"CO"（即 copy 复制），或者单击"修改｜标高"上下文选项卡"修改"面板中的"复制"按钮，对"F2"进行复制，形成 F3～F6。也可输入快捷键"AR"（即 array 阵列），或者单击"修改｜标高"上下文选项卡"修改"面板中的"阵列"按钮，对"F2"进行阵列，形成 F3～F6。阵列完成后需选择阵列形成的标高进行"解锁"。"复制""阵列"命令如图 2.1.7 所示。

同样方法，执行"复制"命令形成"F7"。

单击"视图"选项卡"创建"面板"平面视图"下拉菜单中的"楼层平面"按钮（图 2.1.8），选择生成的标高，单击"确定"按钮。此时，在"项目浏览器"的"楼层平面"中才会生成相应楼层平面。

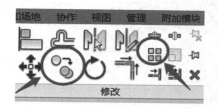

图 2.1.7　执行"复制"或"阵列"命令

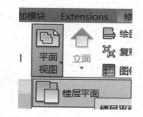

图 2.1.8　执行"楼层平面"命令

2.2　　工作任务 2：创建"教学楼工程"轴网

任务要求：

创建图 2.2.1 所示的轴网（CAD 图详见"任务 2\教学楼轴网.dwg"）。

解决思路：

在平面视图中，用"轴网"工具先创建一根轴线，再用"复制"命令复制出其余轴线。选择轴线，可在"属性"选项板中修改该轴线的属性、名称等。

教学楼案例：轴网

操作步骤：

双击打开随书文件"任务 2\标高完成.rvt"。

双击"项目浏览器"中"楼层平面"下的"F1"（图 2.2.2），打开首层平面视图。单击"建筑"选项卡"基准"面板中的"轴网"按钮或输入快捷键"GR"，状态栏显示"单击可输入轴网起点"，"属性"选项板显示该轴网的属性为"双标头"（图 2.2.3）。移动鼠标光标到绘图区域左下角单击鼠标左键捕捉一点作为轴线起点，然后向上移动光标一段距离后，单击鼠标左键确定轴线终点，按 ESC 键两次退出轴网创建命令，创建后的轴网如图 2.2.4 所示。

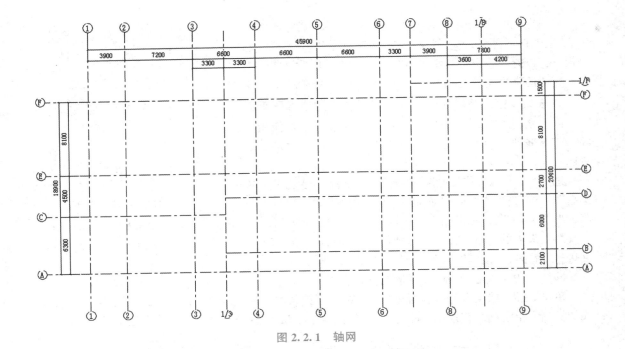

图 2.2.1 轴网

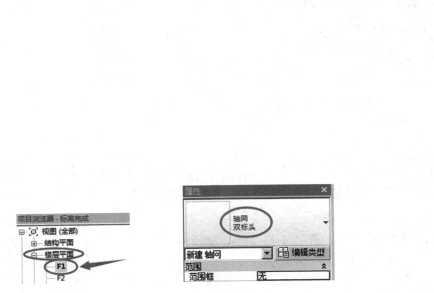

图 2.2.2 打开 F1 平面视图　　　　图 2.2.3 轴网属性　　　　图 2.2.4 第一根轴线创建

双击轴号名称，修改轴号的名称为"1"，如图 2.2.5 所示，按 Enter 键确认。

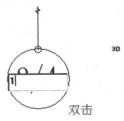

图 2.2.5 轴号编辑

单击选择轴线①，切换至"修改｜轴网"上下文选项卡，单击"修改"面板中的"复制"按钮（或输入快捷键"CO"），水平向右复制 3 900 mm、7 200 mm、6 600 mm、6 600 mm、6 600 mm、3 300 mm、3 900 mm、7 800 mm 分别创建轴线②、③、④、⑤、⑥、⑦、⑧、⑨，按 ESC 键两次退出轴网命令，如图 2.2.6 所示。

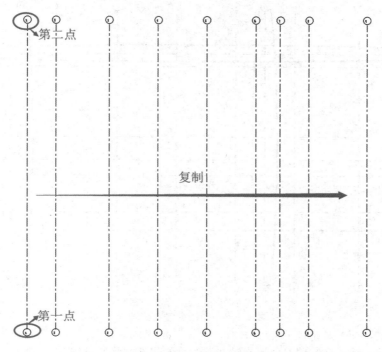

图 2.2.6　横向定位轴线创建

同理，创建横向定位轴线：先在下方创建一根水平轴线，将其名称改为轴线"A"，再利用"复制"命令，向上复制 2 100 mm、4 200 mm、1 800 mm、2 700 mm、8 100 mm 分别创建轴线Ⓑ、Ⓒ、Ⓓ、Ⓔ、Ⓕ；创建完成的轴网如图 2.2.7 所示。

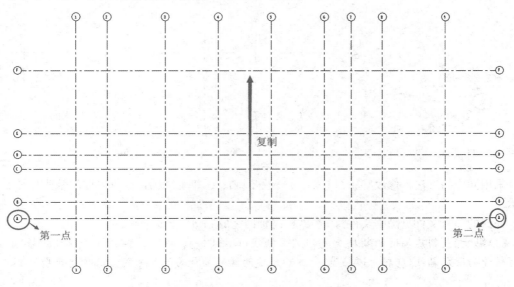

图 2.2.7　创建的轴网

创建附加轴线：采用相同的方法，将⑥轴向上复制 1 500 mm 创建轴网并改名为"⑥F"，③轴向右复制 3 300 mm 创建⑬轴，⑧轴向右复制 3 600 mm 创建⑱轴，创建完成的轴网如图 2.2.8 所示。

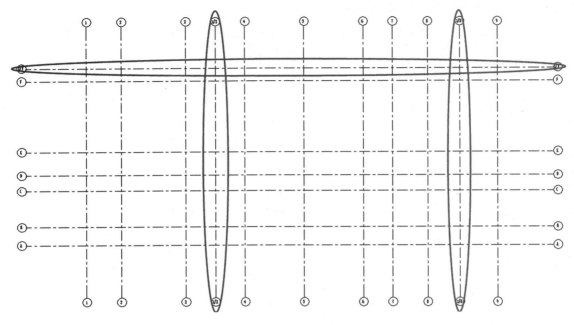

图 2.2.8　创建纵向定位轴线

修改轴线标头：选择⑧轴，取消⑧轴左端编号的勾选并将其解锁（图 2.2.9），拖动⑧轴左端的小圆圈，将⑧轴左端点拖拽至⑬轴，松开鼠标（图 2.2.10）。

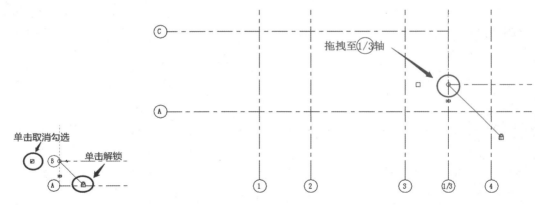

图 2.2.9　取消勾选并解锁　　　　　图 2.2.10　拖拽至⑬轴

采用同样的方法，修改ⓒ轴、ⓓ轴、⑥F轴、⑬轴、⑦轴、⑱轴，修改完成的轴网如图 2.2.1 所示。

完成的项目文件见随书文件"任务 2\标高轴网完成 .rvt"。

【小贴士】　创建轴网的顺序是先创建主轴线（轴线①、轴线②、轴线Ⓐ、轴线Ⓑ等），再创建有轴号的附加轴线（⑥F轴、⑬轴等），最后创建两端无轴号的附加轴线，以避免轴号重复。

2.3　相关技术：标高命令详解

标高图元的组成：标高值、标高名称、对齐锁定开关、对齐指示线、弯折、拖拽点、2D/3D转换按钮、标高符号显示/隐藏、标高线。

切换至立面视图，单击拾取标高"F2"，在"属性"选项板的"类型选择器"下拉列表中选择"下标头"类型，标头自动向下翻转方向。

选择任意一根标高线，会显示临时尺寸、一些控制符号和复选框，如图2.3.1所示，可以编辑其尺寸值、单击并拖拽控制符号可整体或单独调整标高标头位置、控制标头隐藏或显示、标头偏移等操作。

标高、轴网
命令详解

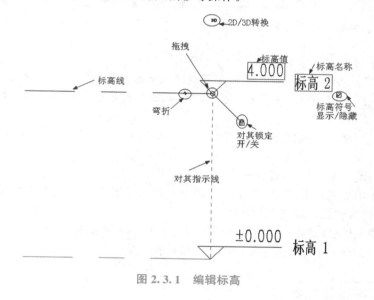

图 2.3.1　编辑标高

2.4　相关技术：轴网命令详解

2.4.1　"属性"选项板

在放置轴网时或在绘图区域选择轴线时，可在"属性"选项板的"类型选择器"中选择或修改轴线类型（图2.4.1）。

同样，可对轴线的实例属性和类型属性进行修改。

（1）实例属性：对实例属性进行修改仅会对当前所选择的轴线有影响。可设置轴线的"名称"和"范围框"（图2.4.2）。

（2）类型属性：单击"编辑类型"按钮，弹出"类型属性"对话框（图2.4.3），对类型属性的修改会对与当前所选轴线同类型的所有轴线产生影响。相关参数如下：

图 2.4.1　类型选择器

图 2.4.2　实例属性

图 2.4.3　类型属性

1)"符号"：从下拉列表中可选择不同的轴网标头族。

2)"轴线中段"：若选择"连续"，轴线按常规样式显示；若选择"无"，则仅显示两段的标头和一段轴线，轴线中间不显示；若选择"自定义"，则将显示更多的参数，可以自定义轴线线型、颜色等。

3)"轴线末端宽度"：可设置轴线宽度为 1～16 号线宽；"轴线末端颜色"参数可设置轴线颜色。

4)"轴线末端填充图案"：可设置轴线线型。

5)"平面视图轴号端点 1(默认)""平面视图轴号端点 2(默认)"：勾选或取消勾选这两个选项，即可显示或隐藏轴线起点和终点标头。

6)"非平面视图轴号(默认)"：该参数可控制在立面、剖面视图上轴线标头的上下位置。可选择"顶""底""两者"(上下都显示标头)或"无"(不显示标头)。

2.4.2　调整轴线位置

单击轴线，会出现这根轴线与相邻两根轴线的间距(蓝色临时尺寸标注)，单击间距值，可修改所选轴线的位置(图 2.4.4)。

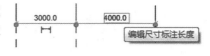

图 2.4.4　调整轴线位置

2.4.3　修改轴线编号

单击轴线，然后单击轴线名称，可输入新值(可以是数字或字母)以修改轴线编号。也可以选择轴线，在"属性"选项板的"名称"栏输入新名称，来修改轴线编号。

2.4.4　调整轴号位置

有时相邻轴线间隔较近，轴号重合，这时需要将某条轴线的编号位置进行调整。选择现有的轴线，单击"添加弯头"拖曳控制柄(图 2.4.5)，可将编号从轴线中移开(图 2.4.6)。

选择轴线后，可通过拖曳模型端点修改轴网，如图 2.4.7 所示。

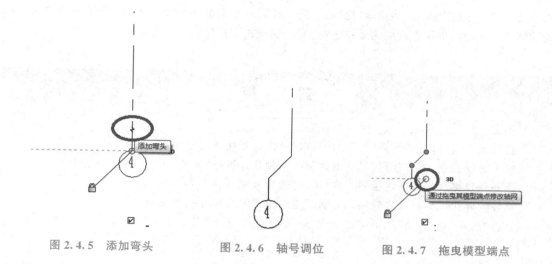

| 图 2.4.5　添加弯头 | 图 2.4.6　轴号调位 | 图 2.4.7　拖曳模型端点 |

2.4.5　显示和隐藏轴网编号

选择一条轴线，会在轴网编号附近显示一个复选框。勾选或不勾选该复选框，可显示或隐藏轴网标号(图 2.4.8)。也可选择轴线后，单击"属性"选项板上的"编辑类型"按钮，对轴号可见性进行修改(图 2.4.9)。

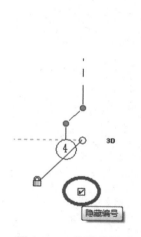

图 2.4.8　隐藏编号

图 2.4.9　轴号可见性修改

2.4.6　弧形轴线和多段轴线的创建

单击"建筑"选项卡"基准"面板中的"轴网"按钮，"修改｜轴网"上下文选项卡"绘制"面板，如图 2.4.10 所示，可以进行如下操作：

（1）单击"起点-终点-半径弧"或"圆心-端点弧"按钮，可以创建弧形轴线；

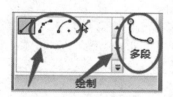

图 2.4.10　弧形轴线和多段轴线的创建

（2）单击"多段"按钮，切换至"修改｜编辑草图"上下文选项卡可以创建一根既有直线又有弧线的轴线，该轴线创建完成后需要单击"完成编辑模式"按钮。

总　结

在立面视图中，用"标高"工具的"拾取线"方法可快速创建标高。

在平面视图中，用"轴网"工具创建第一根轴线，再用"复制"命令复制出其余轴线。

选择创建完成的标高或轴网，在"属性"选项板中可修改各种属性。

选择创建完成的标高或轴网，可通过蓝色临时尺寸标注调整位置。

执行"轴网"命令，在上下文选项卡"绘制"面板中选择"弧形轴线"可创建弧形轴线。

习题与能力提升

见"习题与能力提升视频资源库"中的习题视频资源2。

任务3 Revit 创建墙体

(1)掌握普通墙体的创建方法。
(2)掌握墙体构造层的设置方法。
(3)掌握墙体的属性设置。
(4)掌握复合墙的创建方法。
(5)掌握叠层墙的创建方法。

任务描述

序号	工作任务	任务驱动
1	创建普通的墙体	1. 创建教学楼工程中的外墙； 2. 创建教学楼工程中的内墙
2	设置墙体构造层	1. 复制新的墙体类型； 2. 插入新的构造层； 3. 修改构造层
3	设置墙体的属性	1. 进行墙体定位线设置； 2. 对墙体实例属性进行修改； 3. 包络层的设置； 4. 绘制弧形墙体、圆形墙体、矩形墙体、多边形墙体
4	创建复合墙	1. 在"类型属性"中打开"剖面：修改类型属性"； 2. 拆分构造层，并插入新的材质层并指定材质
5	创建叠层墙	1. 在原先的叠层墙上新建叠层墙； 2. 设置叠层墙各层的墙体类型、高度、偏移等值

任务的解决与相关技术

3.1 工作任务：创建"教学楼工程"一楼墙体

任务要求：

创建图 3.1.1 一层的外墙、内墙。

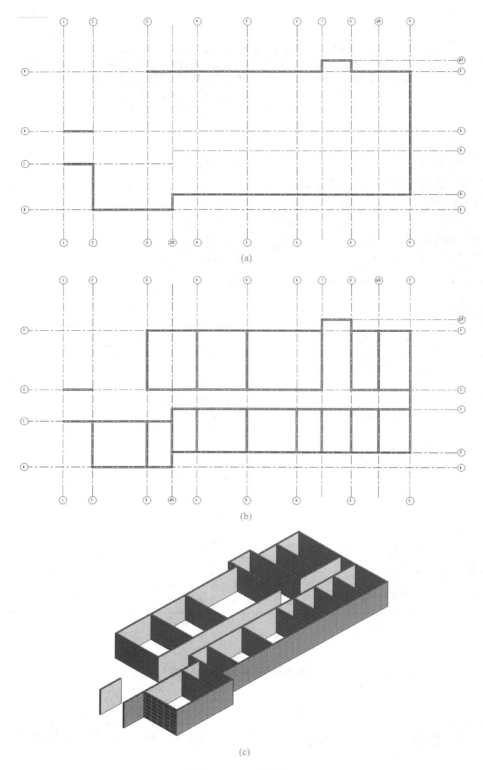

图 3.1.1　一层墙体

（a）一层外墙平面图(不含幕墙)；（b）一层外墙、内墙平面图(不含幕墙)；（c）墙体三维视图

解决思路：

单击"建筑"选项卡"构建"面板中的"墙"按钮，先在"属性"选项板设置墙体的类型、底标高和顶标高等属性信息后，再在绘图区域内进行墙体创建。

教学楼案例：
一楼墙体

操作步骤：

打开"任务 2\标高轴网完成.rvt"，双击"项目浏览器"→"视图"→"楼层平面"中的"F1"，进入 F1 平面视图。

（1）创建外墙：按照图 3.1.2，单击"建筑"选项卡"构建"面板"墙"下拉列表中的"墙：建筑墙"按钮或输入快捷键"WA"，在"属性"选项板类型选择器中选择墙体类型为"外墙-真石漆"、定位线为"核心层中心线"、底部限制条件"F1"、底部偏移"0.0"、顶部约束"F2"、顶部偏移"0.0"。此时注意"修改｜放置 墙"上下文选项卡"绘制"面板为"直线"绘制，且状态栏提示"单击可输入墙起始点"。

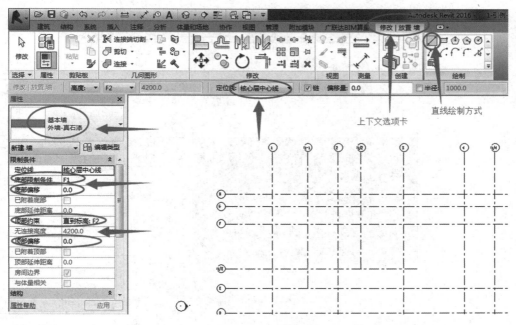

图 3.1.2　墙体绘制

按照顺时针方向，顺序单击⑤轴与③轴交点、⑤轴与⑦轴交点、⑱轴与⑦轴交点、⑱轴与⑧轴交点、⑤轴与⑧轴交点、⑤轴与⑨轴交点、⑧轴与⑨轴交点、⑧轴与⑬轴交点、Ⓐ轴与⑬轴交点、Ⓐ轴与②轴交点、Ⓒ轴与②轴交点、Ⓒ轴与①轴交点，按 ESC 键一次，此时仅退出"连续"创建墙体命令，尚未完全退出墙体创建命令；继续单击Ⓔ轴与①轴交点、Ⓔ轴与②轴交点，按 ESC 键两次，退出墙体创建命令。外墙创建完毕。创建完成的外墙如图 3.1.1（a）所示。

创建完成的外墙见"任务 3\外墙完成.rvt"。

（2）创建内墙：在创建墙体的操作中，除了"属性"选项板中选择"内墙-白色涂料"外（图 3.1.3），其余方法同创建外墙。创建完成的内墙如图 3.1.1（b）所示。

创建完成的内墙见"任务 3\外墙内墙完成.rvt"。

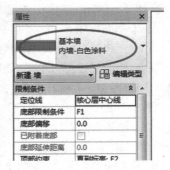

图 3.1.3　选择内墙类型属性

3.2 相关技术：墙体命令详解

墙体命令讲解

3.2.1 墙体构造层次设置

任务要求：

创建构造层为"30 mm 水泥砂浆＋50 mm 保温层＋240 mm 普通砖＋30 mm 水泥砂浆"的墙，该墙体的平面图和立面图如图 3.2.1 所示。

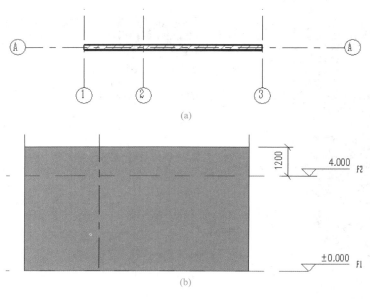

(a)

(b)

图 3.2.1 墙体

(a)平面图；(b)立面图

解决思路：

单击墙体"属性"选项板"编辑类型"按钮，在弹出的"类型属性"对话框中进行墙体构造层设置。

操作步骤：

打开"任务 3\墙体构造层-教学.rvt"，双击"项目浏览器"→"视图"→"楼层平面"中的"F1"，进入 F1 平面视图。

单击"建筑"选项卡"构建"面板"墙"下拉列表中"墙：建筑"按钮，或输入快捷键"WA"。

(1)构造层设置：单击"属性"选项板中的"编辑类型"按钮，在弹出的"类型属性"对话框中单击"复制"按钮，在弹出的"名称"对话框中输入名称为"WQ－30＋50＋240＋30"，单击"确定"按钮(图 3.2.2)。单击"结构"后的"编辑"按钮(图 3.2.3)，在弹出的"编辑部件"对话框中，连续单击三次"插入"按钮，会出现三个新建的构造层次(图 3.2.4)，分别选择新插入的三个构造层，单击"向上"或"向下"按钮，使两个新插入的构造层位于"核心边界"以上、另一个新插入的构造层位于"核心边界"以下，即两个核心边界之间仅包络原先的结构层(图 3.2.5)。分别改四个构造层"功能"为"面层 1[4]"、"保温层\空气层[3]"、"结构[1]"(该项为默认值)、"面层 2[5]"，并分别改四个构造层"厚度"为"30"、"50"、"240"（该项为默认值）、"30"（图 3.2.6）。单击"面层 1[4]"的"材质"框内的"编辑"按钮（图 3.2.7），在弹出的"材质浏览器"对话框中搜索"水泥砂浆"，选择"水泥砂浆"，单击"确定"按钮（图 3.2.8），此时"面层 1[4]"的"材质"改为"水泥砂浆"。同理，将"保温层/空气层[3]""结构[1]""面层 2[5]"材质分别改为"隔热层/保温层-空心填充""砌体-普通砖 75×225 mm""水泥砂浆"（图 3.2.9），单击"确定"按钮退出"编辑部件"对话框，再单击"确定"按钮退出"类型属性"对话框。

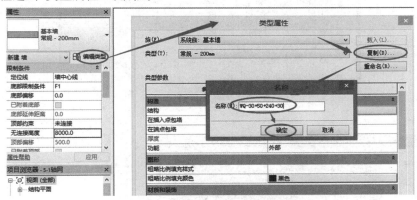

图 3.2.2　复制新的墙体类型

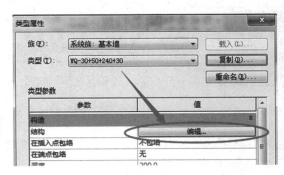

图 3.2.3　"编辑"按钮

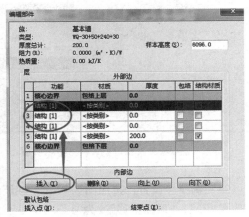

图 3.2.4　出现三个新建的构造层次

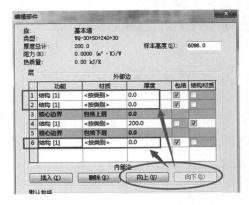

图 3.2.5　调整构造层位置

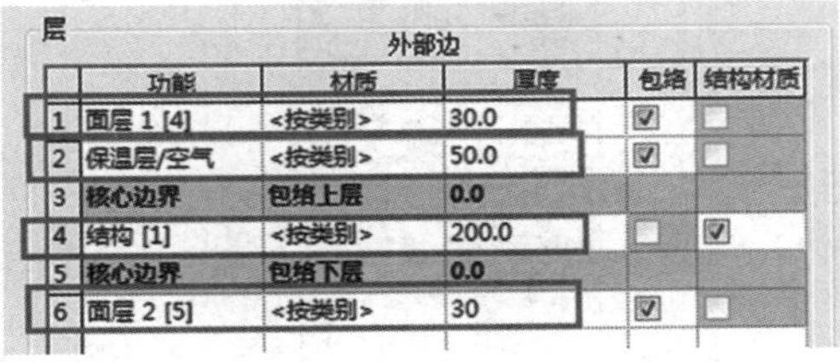

图 3.2.6　设置构造层名称和厚度

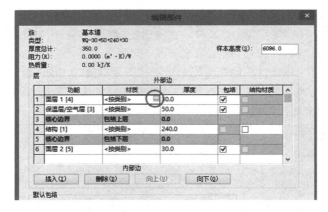

图 3.2.7　材质修改按钮

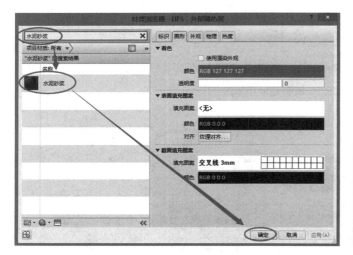

图 3.2.8　选择水泥砂浆材质

图 3.2.9　修改材质

　　(2)实例属性设置：按照图 3.2.10，在墙体的"属性"选项板中，将墙的实例属性的"顶部约束"改成"F2"，"顶部偏移"改为"1 200"，"定位线"改为"核心层中心线"。

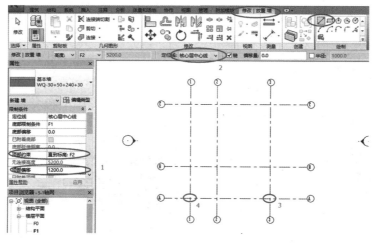

图 3.2.10　墙体创建

(3)墙体绘制：注意上下文选项卡中"绘制"面板应是"直线"绘制、且屏幕左下角状态栏提示为"单击可输入墙起始点"。分别单击Ⓐ轴与③轴交点、Ⓐ轴与①轴交点（图3.2.10），连续按两下 ESC 键，退出墙体创建命令。墙体绘制完毕。

完成的项目文件见"任务3\墙体构造层-完成.rvt"。

3.2.2　墙体定位线设置

定位线指的是在绘制墙体过程中，绘制路径与墙体的哪个面进行重合。定位线包括墙中心线（默认值）、核心层中心线、面层面外部、面层面内部、核心面外部、核心面内部六个选项（图3.2.11），各种定位方式的含义如下：

(1)"墙中心线"：墙体总厚度中心线；

(2)"核心层中心线"：墙体结构层厚度中心线；

(3)"面层面：外部"：墙体外面层外表面；

(4)"面层面：内部"：墙体内面层内表面；

(5)"核心面：外部"：墙体结构层外表面；

(6)"核心面：内部"：墙体结构层内表面。

选择单个墙，蓝色圆点指示其定位线。图3.2.12是"定位线"为"面层面外部"，且墙是从左到右绘制的结果。

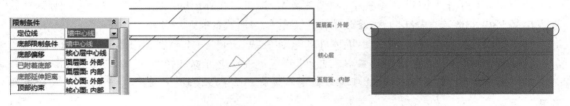

图3.2.11　墙体定位线　　　　　　　　　图3.2.12　墙体定位线

【小贴士】当视图的详细程度设置为"中等"或"精细"时，才会显示墙体的构造层次。

3.2.3　墙体实例属性：墙体底部位置、顶部位置

墙体底部位置的由"底部限制条件"和"底部偏移"参数确定，墙体顶部位置由"顶部约束""无连接高度"或"顶部偏移"参数确定。图3.2.13显示了"底部限制条件"为"L-1"，使用不同"底部偏移"和顶部约束参数所创建的四面墙的剖视图，表3.2.1为每面墙的属性参数。

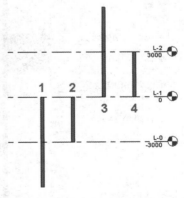

图3.2.13　不同高度/深度下的剖视图

表 3.2.1　墙的属性

属性	墙 1	墙 2	墙 3	墙 4
底部限制条件	L-1	L-1	L-1	L-1
底部偏移	−6 000	−3 000	0	0
顶部约束	直到标高：L-1	直到标高：L-1	无连接	直到标高：L-2
无连接高度			6 000	

3.2.4　墙体类型属性：包络设置、构造层设置

任务要求：

如何将"任务 3\墙体构造层-教学.rvt"中墙体端点的端部，用外部或内部材质包络。

解决思路：

在墙体的类型属性中，对"包络"进行设置。

操作步骤：

打开"任务 3\墙体构造层-教学.rvt"，单击快速访问工具栏中的"粗线细线转换工具"。

选中墙体，单击"属性"选项板中的"编辑类型"按钮，在弹出的"类型属性"对话框中修改"在端点包络"为"外部"或"内部"，可修改墙体端点的包络形式（图 3.2.14）。

创建完成的项目文件见"任务 3\墙体外部包络-完成.rvt""任务 3\墙体内部包络-完成.rvt"。

【说明】在"在插入点包络"和"在端点包络"的下拉菜单中可以选择"无"（该选项为默认选项）、"外部"、"内部"、"两者"，这些选项可以控制在墙体门窗洞口和断点处核心面内外图层的包络方式。

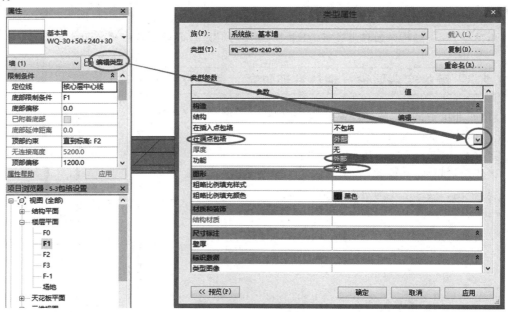

图 3.2.14　包络设置

3.2.5　其他绘制方法：弧形墙体、圆形墙体、矩形墙体、多边形墙体

单击"墙"按钮时，默认的绘制方法是"修改｜放置 墙"上下文选项卡"绘制"面板中的"直线"绘制，"绘制"面板中还有"矩形""多边形""圆形""弧形"等绘制工具，可以绘制直线墙体或弧形墙体。

单击"绘制"面板中"拾取线"按钮，可以拾取图形中的线来放置墙。线可以是模型线、参照平面或某个图元（如屋顶、幕墙嵌板和其他墙）的边缘线。

【小贴士】在绘图过程中，可根据"状态栏"提示，绘制墙体。

3.3	相关技术：创建复合墙

复合墙指的是由多种平行的层构成的墙。既可以由单一材质的连续平面构成（例如胶合板），也可以由多重材质组成（例如石膏板、龙骨、隔热层、气密层、砖和壁板）。另外，构件内的每个层都有其特殊的用途。例如，有些层用于结构支座，而另一些层则用于隔热。

复合墙

任务要求：

创建如图 3.3.1 所示的一个构造层中有两种材质的复合墙。

解决思路：

在墙体的"类型属性"对话框中，使用"拆分区域"工具可将一个构造层拆分为上下两段；再新建一个构造层，使用"指定层"工具将新建的构造层指定到拆分的一段构造层上。

操作步骤：

打开"任务 3\复合墙-教学.rvt"。

在绘图区域中，选择墙。在"属性"选项板上，单击"编辑类型"按钮，弹出"类型属性"对话框。

单击"类型属性"对话框左下角的"预览"按钮，打开预览窗口。在预览窗口下，选择"视图"后的"剖面：修改类型属性"（图 3.3.2）。

图 3.3.1　复合墙

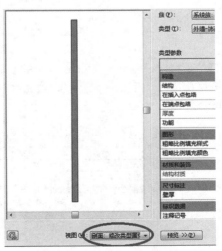

图 3.3.2　在剖面下进行预览

单击"结构"参数对应的"编辑"按钮,弹出"编辑部件"对话框。

【小贴士】每个墙体类型都有两个名为"核心边界"的层,这些层不可修改,也没有厚度。它们一般包拢着结构层,是尺寸标注的参照。

单击"拆分区域"按钮(图3.3.3),移动光标到左侧预览框中,在墙左侧面层上捕捉一点进行单击,会发现面层在该点处拆分为上下两部分。注意,此时右侧栏中该面层的"厚度"值变为"可变"(图3.3.4)。

图 3.3.3 "拆分区域"工具

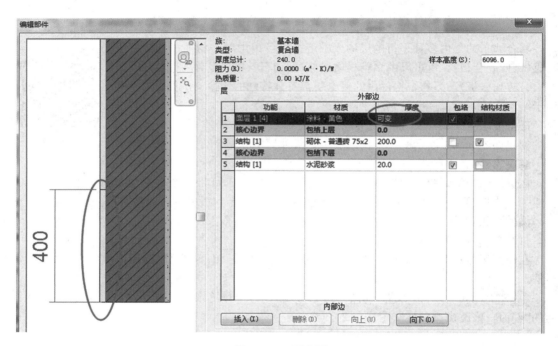

图 3.3.4 拆分面

【提示】单击"修改"按钮,单击选择拆分边界线,编辑蓝色临时尺寸可以调整拆分位置。

在右侧栏中插入一个新的构造层,功能修改为"面层1[4]",材质修改为"涂料-白色",厚度"0.0"保持不变(图3.3.5)。

层

	功能	材质	厚度	包络	结构材质
1	面层 1 [4]	涂料 -白色	0.0	☑	☐
2	面层 1 [4]	涂料 - 黄色	可变	☑	☐
3	核心边界	包络上层	0.0		
4	结构 [1]	砌体 - 普通砖 75x2	200.0	☐	☑
5	核心边界	包络下层	0.0		
6	结构 [1]	水泥砂浆	20.0	☑	☐

图 3.3.5 新插入一个构造层

选择新插入的这个构造层，单击"指定层"按钮，移动鼠标光标到左侧预览框中拆分的面上再单击鼠标，会将"涂料-白色"面层材质指定给拆分的面。注意，此时刚创建的面层和原来的面层"厚度"都变为"20 mm"（图 3.3.6）。

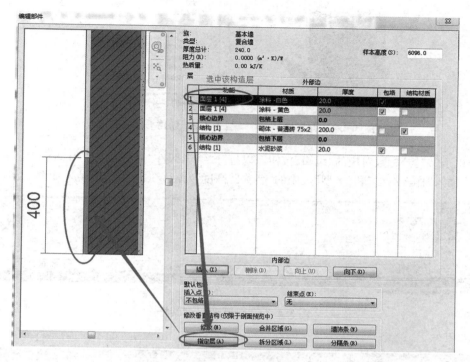

图 3.3.6 "指定层"后的墙体结构

单击"确定"按钮关闭所有对话框后。该墙变成了外涂层有两种材质的复合墙类型。
创建完成的文件见"任务 3\复合墙-完成.rvt"。

3.4 相关技术：创建叠层墙

Revit 中有专用于创建叠层墙的"叠层墙"系统族，这些墙包含一面接一面叠放在一起的两面或多面子墙。子墙在不同的高度可以具有不同的墙厚度。叠层墙中的所有子墙都被附着，其几何图形相互连接，如图 3.4.1 所示。

要定义叠层墙的结构，可执行下列步骤：

（1）访问墙的"类型属性"。若第一次定义叠层墙，可以在"项目浏览器"的"族"→"墙"→"叠层墙"下，在某个叠层墙类型上单击鼠标右键，然后单击"创建实例"（图 3.4.2）。然后在"属性"选项板上，单击"编辑类型"按钮。

叠层墙

若已将叠层墙放置在项目中，可在绘图区域中选择它，然后在"属性"选项板上，单击"编辑类型"。

（2）在弹出的"类型属性"对话框中，单击"预览"打开预览窗口，用以显示选定墙类型的剖面视图。对墙所做的所有修改都会显示在预览窗口中。

图 3.4.1　叠层墙　　　图 3.4.2　创建叠层墙实例

　　(3)单击"结构"参数对应的"编辑"按钮，以打开"编辑部件"对话框。在对话框中，需要设置"偏移"，输入"样板高度"和"类型"表中的"名称""高度""偏移""顶""底部"值，如图 3.4.3 所示。

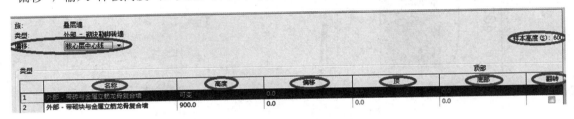

图 3.4.3　"编辑部件"对话框

总　结

　　(1)普通墙体的创建方法：利用"建筑"选项卡中的"墙"工具，先在"属性"选项板设置墙体的类型、底标高和顶标高等属性信息后，再在绘图区域内进行墙体创建。

　　(2)修改墙体构造的方法：单击"墙"工具后，单击属性面板的"编辑类型"，在弹出的"类型属性"面板中单击"复制"，在其中新建各种构造层次。

　　(3)复合墙的创建方法：在墙体的类型属性对话框中，使用"拆分区域"工具将一个构造层拆分为上下两段；再新建一个构造层，使用"指定层"工具将新建的构造层指定到拆分的一段构造层上。

　　(4)叠层墙的创建方法：单击"墙"按钮，选择"叠层墙"类型，单击"编辑类型"按钮，在弹出的"类型属性"对话框中单击"结构"参数对应的"编辑"按钮，弹出"编辑部件"对话框，设置"偏移"，输入"样板高度"和"类型"表中的"名称""高度""偏移""顶""底部"等值新建不同类型的墙体，形成叠层墙。

习题与能力提升

　　见"习题与能力提升视频资源库"中的习题视频资源3。

任务 4 Revit 创建楼板

学习目标

(1)掌握楼板的创建方法。
(2)掌握楼板的修改方法。
(3)掌握斜楼板的创建方法。

任务描述

序号	工作任务	任务驱动
1	创建平楼板	1. 创建教学楼工程中的楼板； 2. 使用"TR"(修剪)命令修剪楼板边界线
2	修改楼板	1. 在"属性"选项板中修改楼板的类型、标高等值； 2. 编辑楼板草图
3	创建斜楼板	1. 使用"坡度箭头"创建斜楼板； 2. 使用"相对基准的偏移"创建斜楼板

任务的解决与相关技术

4.1 工作任务：创建"教学楼工程"一层楼板

任务要求：

创建一层楼板(图 4.1.1)。

教学楼案例：
一层楼板

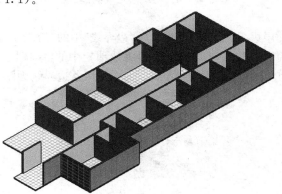

图 4.1.1 一层楼板

解决思路：

利用"建筑"选项卡中的"楼板"工具创建楼板。

操作步骤：

双击打开"任务3\外墙内墙完成.rvt"，进入到F1平面视图。

单击"建筑"选项卡"构建"面板"楼板"下拉菜单"楼板：建筑"按钮。在"属性"选项板"类型选择器"中选择墙体类型为"LB－40＋140"，设置底部标高为"F1"、自标高的高度偏移为"0"（图4.1.2）；注意此时"修改｜创建楼层边界"上下文选项卡中"边界线"的默认绘制方式为"拾取墙"（图4.1.3），鼠标光标放置在外墙偏室外一侧单击，可拾取墙体边界，依次单击所有外墙偏室外一侧形成楼板边界线（图4.1.4）。按ESC键，退出创建楼板"边界线"命令，此时还未退出创建楼板命令。

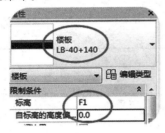

图4.1.2　属性设置

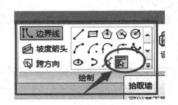

图4.1.3　边界线的默认绘制方式"拾取墙"

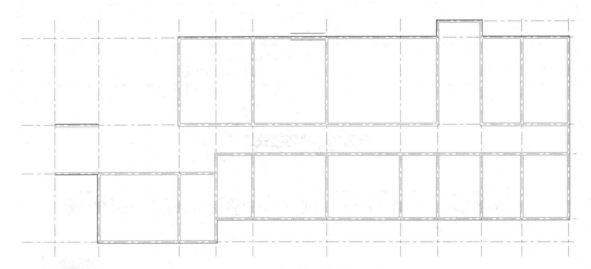

图4.1.4　拾取墙形成的边界线

单击"修改｜创建楼层边界"上下文选项卡中"边界线"中的"拾取线"按钮（图4.1.5），将边界线的创建方式更改为"拾取线"，单击轴线②；再将选项栏中的"偏移量"改为"1 800"，鼠标光标放置在轴线①偏左一侧单击轴线①形成边界线，形成的两条边界线为图4.1.6中的两条竖线。

图4.1.5　拾取线

使边界线首尾相连的方法：单击"修改│创建楼层边界"上下文选项卡"修改"面板中的"修剪/延伸为角"按钮或输入快捷键"TR"，按照图4.1.6依次点击1点、2点、2点、3点、3点、4点，4点、5点，修剪完的边界线如图4.1.7所示，单击"修改│创建楼层边界"上下文选项卡"模式"面板中的"完成编辑模式"按钮，楼板创建完毕。

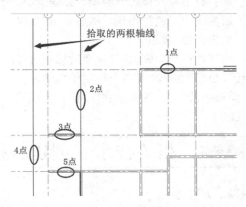

图 4.1.6　修剪("TR"快捷命令)

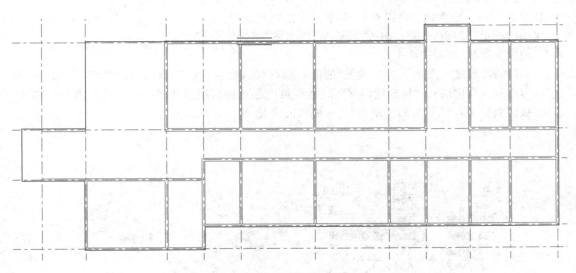

图 4.1.7　楼板边界线

完成的项目文件见"任务4\楼板完成.rvt"。

【小贴士】楼板的边界线必须是首尾相连、处于闭合状态的，且不应有多余边界线。若边界线未闭合，单击"完成编辑模式"时会有错误提示。在弹出的错误对话框中单击"显示"按钮，会看到有错误的地方。在弹出的错误对话框中单击"继续"按钮，退出对话框，对楼板边界再进行修改。

4.2　相关技术：修改楼板

(1)选择楼板，在"属性"选项板上修改楼板的类型、标高等值。

(2)编辑楼板草图：在平面视图中，选择楼板，然后单击"修改｜楼板"上下文选项卡"模式"面板中的"编辑边界"按钮。

可使用"修改"面板中的"偏移""移动""删除"等命令对楼板边界进行编辑，或使用"绘制"面板中的"直线""矩形""弧形"等命令绘制楼板边界。

修改完毕，单击"模式"面板中的"完成编辑模式"按钮，完成编辑。

修改楼板和
斜楼板创建

4.3　相关技术：创建斜楼板

要创建斜楼板，请使用以下方法之一：

(1)方法一。

在绘制或编辑楼层边界时，单击"绘制"面板中的"坡度箭头"按钮(图4.3.1)，根据状态栏提示，"单击一次指定其起点(尾)"，"再次单击指定其终点(头)"。箭头"属性"选项板的"指定"下拉菜单有"坡度""尾高"两种选择。

图4.3.1　坡度箭头

1)若选择"坡度"(图4.3.2)：设置"最低处标高"①(楼板坡度起点所处的楼层，一般为"默认"，即楼板所在楼层)、"尾高度偏移"②(楼板坡度起点标高距所在楼层标高的差值)和"坡度"③(楼板倾斜坡度)(图4.3.3)。单击"完成编辑模式"按钮，完成编辑。

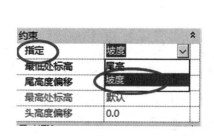

图4.3.2　选择"坡度"

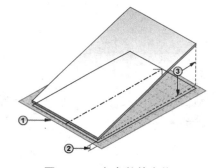

图4.3.3　各参数的定位1

【注意】坡度箭头的起点(尾部)必须位于一条定义边界的绘制线上。

2)若选择"尾高"：设置"最低处标高"①、"尾高度偏移"②、"最高处标高"③(楼板坡度终点所处的楼层)和"头高度偏移"④(楼板坡度终点标高距所在楼层标高的差值)(图4.3.4)。单击"完成编辑模式"按钮，完成编辑。

(2)方法二。

指定平行楼板绘制线的"相对基准的偏移"属性值。

在草图模式中，选择一条边界线，在"属性"选项板上可

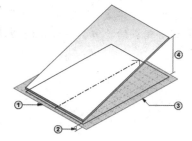

图4.3.4　各参数的定位2

以选择"定义固定高度",或指定单条楼板绘制线的"定义坡度"和"坡度"属性值。

若选择"定义固定高度"。输入"标高"①和"相对基准的偏移"②的值。选择平行边界线,用相同的方法指定"标高"③和"相对基准的偏移"④的属性,如图 4.3.5 所示。单击"完成编辑模式"按钮,完成编辑。

若指定单条楼板绘制线的"定义坡度"和"坡度"属性值。选择一条边界线,在"属性"选项板上选择"定义固定高度""定义坡度"选项,输入"坡度"值③。(可选)输入"标高"①和"相对基准的偏移"②的值,如图 4.3.6 所示。单击"完成编辑模式"按钮,完成编辑。

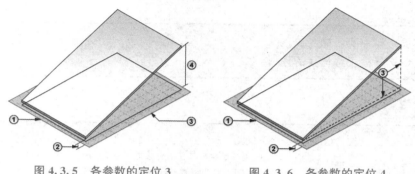

图 4.3.5　各参数的定位 3　　　　　图 4.3.6　各参数的定位 4

总　　结

(1)普通楼板的创建方法:单击"建筑"选项卡"构建"面板中的"楼板"按钮,"修改︱创建楼层边界"上下文选项卡中"边界线"有"拾取墙""拾取线""直线""弧线"等方式,选择一种合适的方式绘制楼板边界以创建楼板。楼板边界线必须是首尾闭合,并没有多余边界线。

(2)楼板修改的方法:选择楼板,单击"修改︱楼板"上下文选项卡"模式"面板中的"编辑边界"按钮,会回到创建楼板的界面。

(3)斜楼板的创建方法:在绘制或编辑楼层边界时,单击"绘制"面板中的"坡度箭头"按钮创建斜楼板。也可在草图模式中,选择一条边界线,在"属性"选项板上选择"定义固定高度",或指定单条楼板绘制线的"定义坡度"和"坡度"属性值。

习题与能力提升

见"习题与能力提升视频资源库"中的习题视频资源 4。

任务 5　Revit 创建柱

学习目标

(1) 掌握结构柱的创建方法。
(2) 了解建筑柱、结构柱的区别。

任务描述

序号	工作任务	任务驱动
1	创建结构柱	1. 创建教学楼工程中的结构柱； 2. 使用"AL"（对齐）命令使结构柱对齐到墙体结构层外边缘线
2	区分建筑柱、结构柱	1. 了解建筑柱、结构柱创建方法的不同； 2. 了解建筑柱、结构柱编辑方法的不同

任务的解决与相关技术

5.1　工作任务：创建"教学楼工程"一层结构柱

任务要求：

创建教学楼一层柱（图 5.1.1）。

教学楼案例：
一层结构柱

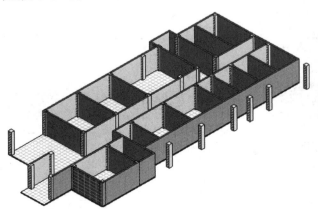

图 5.1.1　创建一层柱

解决思路：

利用"柱"工具创建柱子，利用对齐工具使外部柱子不突出于外墙、内部柱子不突出于走廊。

操作步骤：

打开"任务 4\楼板完成.rvt"，双击"项目浏览器"→"视图"→"楼层平面"中的"F1"，进入到 F1 楼层平面视图。

单击"建筑"选项卡"构建"面板"柱"下拉列表中的"结构柱"，或输入快捷键"CL"。在"属性"选项板"类型选择器"中选择"A 教学楼-矩形柱-600×600"，选项栏选择"高度""F2"（图 5.1.2），按照图 5.1.3 在轴网交点处进行点击放置结构柱。

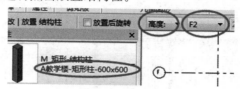

图 5.1.2　属性修改

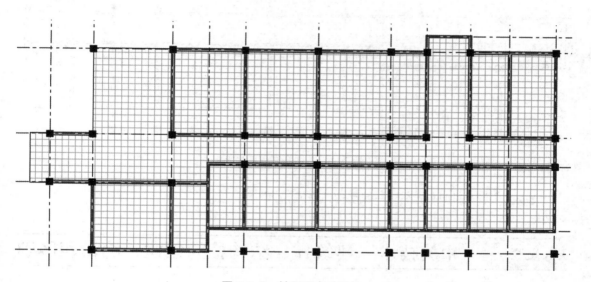

图 5.1.3　轴网交点放置柱

利用对齐工具使外部柱子不凸出于外墙：观察②轴、Ⓐ轴交点柱子凸出于外墙。单击"修改"选项卡"修改"面板中的"对齐"按钮（图 5.1.4），或输入快捷键"AL"，勾选选项栏中的"多重对齐"、首选项改为"参照核心层表面"（图 5.1.5），将鼠标光标移到Ⓐ轴外墙的"外"面层（注意：不是"内"面层），单击拾取外墙核心层的"外"表面（图 5.1.6），然后再依次单击Ⓐ轴所有柱子的下表面，按 ESC 键两次结束该命令，此时Ⓐ轴柱子的下表面会与外墙的核心层外表面对齐。

利用该方法，使所有的外墙柱子不凸出于外墙的核心层外边缘线、内部走廊柱子不突出于走廊墙体的核心层外边缘线，且Ⓕ轴、②轴柱子边界对齐楼板，完成的模型如图 5.1.7 所示。

图 5.1.4　对齐工具　　　　图 5.1.5　多重对齐

√多重对齐　首选：参照核心层中心 ▼

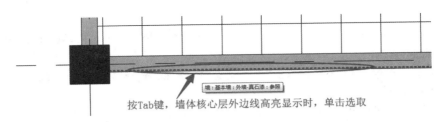

按Tab键，墙体核心层外边线高亮显示时，单击选取

图 5.1.6　拾取外墙核心层的外表面

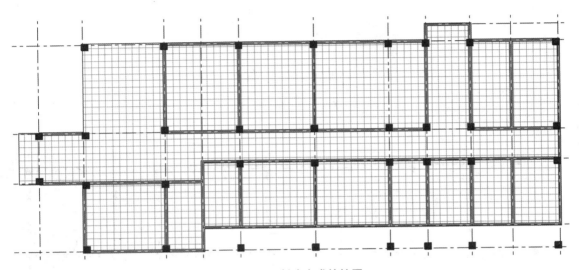

图 5.1.7　创建完成的柱网

完成的项目文件见"任务 5\一层结构柱完成.rvt"。

<table>
<tr><td>**5.2**</td><td>**相关技术：建筑柱、结构柱的创建、编辑和区别**</td></tr>
</table>

5.2.1　创建方法

可以在平面视图和三维视图中添加柱。柱的高度由"底部标高"和"顶部标高"属性以及偏移定义。

单击"建筑"选项卡下"构建"面板中"柱"下拉列表"柱：建筑"。在选项栏上指定下列内容：

建筑柱、结构柱区别

（1）"放置后旋转"：选择此选项可以在放置柱后立即将其旋转。

（2）"标高"：（仅限三维视图）为柱的底部选择标高。在平面视图中，该视图的标高即为柱的底部标高。

（3）"高度"：此设置从柱的底部向上绘制。如从柱的底部向下绘制，请选择"深度"。

（4）"标高/未连接"：选择柱的顶部标高；或者选择"未连接"，然后指定柱的高度。

（5）"房间边界"：选择此选项可以在放置柱之前将其指定为房间边界。

设置完成后，在绘图区域中单击以放置柱。

通常情况下，通过选择轴线或墙放置柱时将使柱对齐轴线或墙。如果在随意放置柱之后要将它们对齐，可单击"修改"选项卡"修改"面板的"对齐"按钮（图5.1.4），然后根据状态栏提示，选择要对齐的柱。在柱的中间是两个可选择用于对齐的垂直参照平面。

5.2.2　柱子编辑

与其他构件相同，选择柱子，可在"属性"选项板对其类型、底部或顶部位置进行修改。同样，可以通过选择柱对其拖曳，来移动柱子。

柱子不会自动附着到其顶部的屋顶、楼板和天花板上，需要进行修改。

（1）附着柱。选择一根柱（或多根柱）时，可以将其附着到屋顶、楼板、天花板、参照平面、结构框架构件，以及其他参照标高。步骤如下。

1）在绘图区域中，选择一个或多个柱切换至"修改｜柱"上下文选项卡，单击"修改"面板中的"附着顶部/底部"按钮。其选项栏如图5.2.1所示。

| 修改｜柱 | 附着柱:◉顶 ◯底 | 附着样式: 剪切柱 ▾ | 附着对正: 最小相交 ▾ | 从附着物偏移: 0.0 |

图5.2.1　附着工具

2）选择"顶"或"底"作为"附着柱"值，以指定要附着柱的哪一部分。

3）选择"剪切柱""剪切目标"或"不剪切"作为"附着样式"值。

4）"目标"指的是柱要附着上的构件，如屋顶、楼板、天花板等。"目标"可以被柱剪切，柱可以被目标剪切，或者两者都不可以被剪切。

5）选择"最小相交""相交柱中线"或"最大相交"作为"附着对正"值。

6）指定"从附着物偏移"。"从附着物偏移"用于设置要从目标偏移的一个值。

不同情况下的剪切示意图如图5.2.2所示。

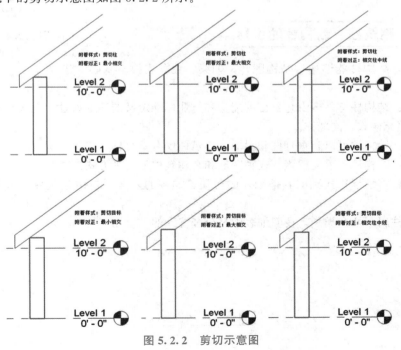

图5.2.2　剪切示意图

在绘图区域中，根据状态栏提示，选择要将柱附着到的目标（如屋顶或楼板）。

（2）分离柱。在绘图区域中，选择一个或多个柱切换至"修改｜柱"上下文选项卡。单击"修改｜柱"上下文选项卡"修改柱"面板中的"分离顶部/底部"按钮。单击要从中分离柱的目标。

如果将柱的顶部和底部均与目标分离，单击选项栏上的"全部分离"。

5.2.3　结构柱放置的两种方法

双击"项目浏览器"→"视图"→"楼层平面"→"F1"，进入 F1 楼层平面视图。单击"结构"选项卡"结构"面板中的"柱"按钮，在"属性"选项板的"类型选择器"中选择"A 教学楼-矩形柱-600×600"，在选项栏中选择"高度""F2"，在绘图区域放置结构柱（图 5.2.3）。

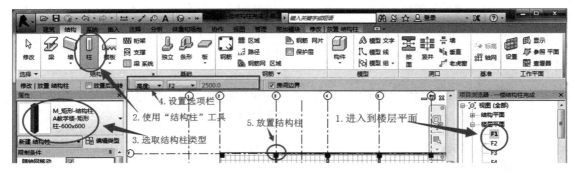

图 5.2.3　创建结构柱

结构柱放置有两种方法：方法一，直接点取轴线交点；方法二，单击"修改｜放置 结构柱"上下文选项卡"多个"面板中的"在轴网处"按钮（图 5.2.4）。

图 5.2.4　"在轴网处"创建结构柱

5.2.4　建筑柱、结构柱的区别

（1）行为：结构柱能够连接结构图元，如梁、独立支撑、基础。建筑柱则不能。

（2）属性：结构柱有许多由它自己的配置和行业标准定义的其他属性。建筑柱在类型属性中有粗略比例填充样式，同墙体。

（3）类型：结构柱可以有垂直柱和斜柱。建筑柱仅有垂直柱。

（4）放置：结构柱有手动放置、在轴网处和在建筑柱处三种方式。建筑柱仅手动放置。

（5）建筑柱将继承连接到的其他图元的材质，如墙的复合层包络建筑柱。这并不适用于结构柱。

（6）两种柱属于两个类别，在明细表中是分开统计的。

(1)结构柱的创建方法：单击"建筑"选项卡"构建"面板"柱"下拉列表中的"结构柱"，或输入快捷键"CL"。在"属性"选项板"类型选择器"中选择所需的柱子类型，在选项栏和"属性"选项板设置柱子参数，单击放置或选择轴线放置结构柱。

(2)柱附着的方法：选择一根柱(或多根柱)时，单击"修改｜柱"上下文选项卡下"修改柱"面板中的"附着顶部/底部"按钮，单击屋顶、楼板、天花板、参照平面、结构框架构件可进行柱附着。附着时，可选择"最小相交""相交柱中线"或"最大相交"作为"附着对正"值。

(3)柱对齐：选择"对齐"工具(快捷命令为"AL")可将柱边缘对齐到墙边缘。

习题与能力提升

见"习题与能力提升视频资源库"中的习题视频资源5。

任务6 Revit 创建门窗

学习目标

(1)掌握门窗的创建方法。
(2)掌握门窗编辑的方法。
(3)掌握门窗载入的方法。

任务描述

序号	工作任务	任务驱动
1	创建门窗	1. 创建教学楼工程中的门窗； 2. 按照要求对门窗位置和方向进行调整
2	编辑门窗	1. 修改门窗属性； 2. 复制新的门窗类型
3	载入门窗	1. 通过"载入族"载入新门窗； 2. 找到门窗族在族库中的位置

-------------------- **任务的解决与相关技术** --------------------

6.1 工作任务：创建"教学楼工程"一楼门窗

任务要求：

创建教学楼一层门窗(图 6.1.1、图 6.1.2)。

教学楼案例：
一楼门窗

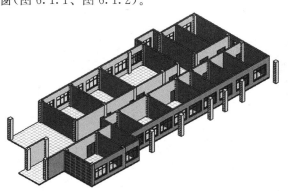

图 6.1.1 创建一层门窗

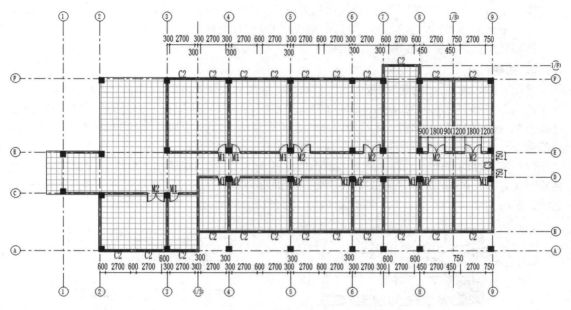

图 6.1.2　门窗定位(未定位的门垛均为 300 mm)

解决思路：

执行"建筑"选项卡中的"门""窗"命令。放置后，选择门窗修改其放置位置或朝向。

操作步骤：

1. 创建窗

打开"任务 5\一楼结构柱完成.rvt"，双击"项目浏览器"→"视图""楼层平面"中的"F1"，进入到 F1 楼层平面视图。

单击"建筑"选项卡"构建"面板中的"窗"按钮，或输入快捷键"WN"，单击"修改｜放置 窗"上下文选项卡"标记"面板中的"在放置时进行标记"按钮，"属性"选项板"类型选择器"中窗的类型选择为"C2"，在Ⓐ轴墙上进行单击放置 C2 窗(图 6.1.3)。按 ESC 键两次，退出创建窗命令。

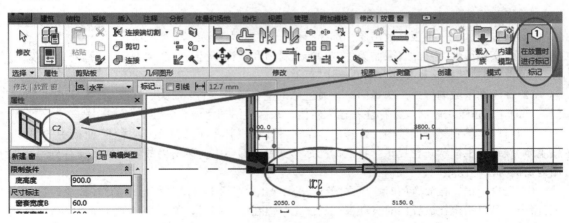

图 6.1.3　放置窗

窗位置属性的修改：单击选择上一步中创建的 C2 窗，会出现"翻转实例面"箭头和蓝色临时尺寸线，单击"翻转实例面"箭头，确保蓝色箭头位于窗户外部；单击蓝色临时尺寸线左侧的尺寸数字，更改为"600"（图 6.1.4），按 ESC 键完成 C2 位置的修改。

同理，完成其他窗的创建，门窗定位如图 6.1.2 所示。

2. 创建门

单击"建筑"选项卡"构建"面板中的"门"按钮，或输入快捷键"DR"，单击"修改 | 放置 门"上下文选项卡"标记"面板中的"在放置时进行标记"按钮，"属性"选项板"类型选择器"中门的类型选择为"双面镶板木门 1 M2"，在ⓒ轴墙体靠近③轴侧单击放置门 M2。按 ESC 键两次，退出创建门命令。

门位置属性的修改：单击选择上一步中创建的 M2 门，会出现两个"翻转实例面"箭头和蓝色临时尺寸线，单击"翻转实例面"箭头，确保门向室内开启；单击蓝色临时尺寸线右侧的尺寸数字，更改为"300"（图 6.1.5），按 ESC 键完成 M2 位置的修改。

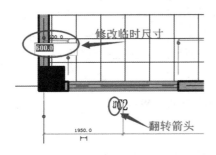
图 6.1.4 窗位置属性的修改

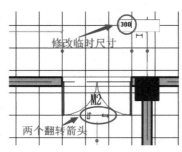
图 6.1.5 门位置属性的修改

同理，创建其他门的创建，门窗定位如图 6.1.2 所示。

完成的项目文件见"任务 6\一层门窗完成 . rvt"。

6.2 相关技术：门窗编辑

1. 修改门窗

（1）通过"属性"选项板修改门窗。选择门窗，在"类型选择器"中修改门窗类型；在"实例属性"中修改"限制条件""构造""材质和装饰"等值；在"类型属性"中修改"构造""材质和装饰""尺寸标注"等值。

门窗编辑和载入

（2）在绘图区域内修改。选择门窗，通过单击左右箭头、上下箭头以修改门的方向，通过单击临时尺寸标注并输入新值，来修改门的定位。

（3）将门窗移到另一面墙内。选择门，单击"修改 | 门"上下文选项卡"主体"面板中的"拾取新主体"按钮，根据状态栏提示，将鼠标光标移到另一面墙上，单击以放置门。将窗移到另一面墙内窗的方法与门相同。

（4）门窗标记。在放置门时，单击"修改 | 放置 门"选项卡"标记"面板中的"在放置时进行标记"命令，可以指定在放置门时自动标记门。也可以在放置门后，单击"注释"选项卡"标记"面板中的"按类别标记"按钮对门逐个进行标记，或单击"全部标记"对门一次性全部标记。窗的标记方法与门相同。

2. 复制创建门窗类型

以复制创建一个 1 600 mm×2 400 mm 的双扇推拉门为例：如图 6.2.1 所示，选中门之后，单击"属性"选项板中的"编辑类型"按钮，弹出"类型属性"对话框，单击"复制"按钮，复制一个类型，命名为"1 600×2 400 mm"，单击"确定"按钮，然后将"尺寸标注"栏中的宽度改为"1 600"，高度改为"2 400"，单击"确定"按钮。即可完成 1 600 mm×2 400 mm 的双扇推拉门类型的创建。

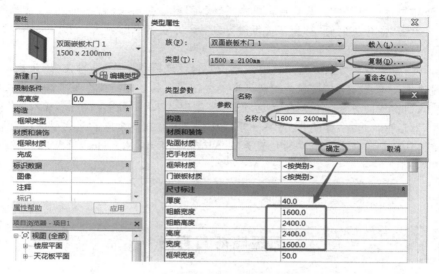

图 6.2.1　复制门类型

6.3　相关技术：门窗载入

在"插入"选项卡"从库中载入"面板中，单击"载入族"按钮（图 6.3.1），弹出"载入族"对话框，选择"建筑"文件夹→"门"或"窗"文件夹→选择某一类型的窗载入到项目中（图 6.3.2）。

图 6.3.1　载入族

图 6.3.2　门窗文件夹

【注意】系统默认族文件所在的位置为 C：\ProgramData\Autodesk\RVT2016\Libraries\China。

　　(1)门窗的创建方法：单击"建筑"选项卡"构建"面板"门"按钮或"窗"按钮，或输入快捷键"DR"或"WN"，进入到门窗创建中，在"属性"选项板"类型选择器"中选择所需的门窗类型，单击墙体进行门窗放置。放置后，单击创建的门窗，会出现"翻转实例面"箭头和蓝色临时尺寸线，单击"翻转实例面"箭头可进行门窗翻转，单击蓝色临时尺寸线的尺寸数字可修改门窗位置。

　　(2)新建门窗类型的方法：选中门窗，单击"属性"选项板中的"编辑类型"按钮，弹出"类型属性"对话框，单击"复制"按钮，复制一个类型，定义其名称，按照要求修改其尺寸等值。

　　(3)载入门窗族的方法：在"插入"选项卡"从库中载入"面板中，单击"载入族"按钮，弹出"载入族"对话框，选择"建筑"文件夹→"门"或"窗"文件夹→选择某一类型的门窗载入到项目中(系统默认的门窗族文件所在的位置为 C:\ProgramData\Autodesk\RVT2016\Libraries\China)。

习题与能力提升

　　见"习题与能力提升视频资源库"中的习题视频资源6。

任务 7　Revit 创建屋顶

学习目标

(1)掌握教学楼工程中的复制楼层和屋顶创建的方法。
(2)掌握迹线屋顶的创建方法。
(3)掌握拉伸屋顶的创建方法。
(4)掌握玻璃斜窗的创建方法。
(5)掌握老虎窗屋顶的创建方法。

任务描述

序号	工作任务	任务驱动
1	创建教学楼工程中的楼层和屋顶	1. 在教学楼工程中复制一楼形成二楼，并对二楼墙体进行修改； 2. 在教学楼工程中复制二楼形成三～五楼； 3. 在教学楼工程中创建平屋顶
2	创建迹线屋顶	1. 使用"迹线屋顶"创建有坡度的屋顶； 2. 设置屋顶的合理坡度
3	创建拉伸屋顶	1. 使用"拉伸屋顶"创建屋顶； 2. 对拉伸屋顶的拉伸尺寸进行修改
4	创建玻璃斜窗	1. 创建玻璃斜窗； 2. 编辑玻璃斜窗
5	创建老虎窗屋顶	1. 使用坡度箭头创建老虎窗屋顶； 2. 屋顶边界线进行拆分，重新绘制坡度箭头

任务的解决与相关技术

7.1　工作任务：创建"教学楼工程"二至五层和屋顶

7.1.1　创建二至五层

任务要求：

按照图 7.1.1 创建二至五层。

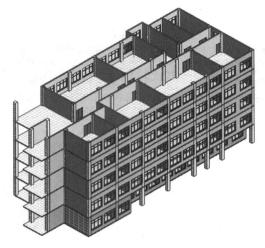

教学楼案例：
二至五层和屋顶

图 7.1.1　创建二至五层

解决思路：

复制一层，形成二层。修改二层建筑构件的属性及位置。复制二层形成三至五层。

操作步骤：

1. 复制一层形成二层

打开"任务 6\一层门窗完成 .rvt"，进入到 F1 楼层平面视图。

选择所有的实体图元，单击"修改｜选择多个"上下文选项卡"选择"面板中的"过滤器"按钮，只勾选实体图元，不勾选门窗标记、轴网等非实体图元，单击"确定"按钮完成过滤器的筛选（图 7.1.2）。

复制以形成二楼：单击"剪贴板"面板中的"复制到粘贴板"按钮，单击"从剪贴板中粘贴"下拉箭头，在下拉列表中单击"与选定的标高对齐"按钮（图 7.1.3），在弹出的"选择标高"对话框中单击"F2"再单击"确定"按钮。

图 7.1.2　图元的过滤

图 7.1.3　与选定的标高对齐

【小贴士】必须是实体图元才能使用"与选定的标高对齐"工具，因此要使用"过滤器"工具来排除门窗标记、轴网等非实体图元。

2. 更改二楼外墙

（1）将二楼外墙类型更改为"外墙-蓝灰色涂料"：双击"项目浏览器"→"视图"→"楼层视图"中的"F2"，进入到 F2 楼层平面视图。

（2）选择二层的所有外墙并更改属性：单击选择二层的某一面外墙，注意观察该图元属性类型应该为"外墙-真石漆"单击鼠标右键，选择"选择全部实例"→"在视图中可见"（图 7.1.4）；在类型属性选择器中，单击下拉箭头将属性改为"外墙-蓝灰色涂料"。

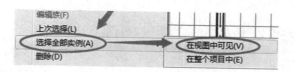

图 7.1.4 选择"在视图中可见"

【小贴士】单击"在视图中可见",则选中在所打开的视图中该类型的所有图元;单击"在整个项目中",则选中在整个项目中该类型的所有图元。

(3)更改二层Ⓑ轴墙体位置:单击"修改"面板中的"对齐"按钮,将Ⓑ轴墙体对齐到Ⓐ轴墙体。在对其过程中,会弹出错误对话框,依次单击"取消连接单元""删除图元""删除实例"即可(图 7.1.5)。对齐后会发现二层楼板也已经自动与墙体对齐。

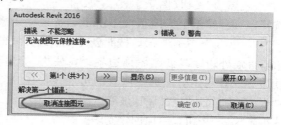

图 7.1.5 取消连接图元

3. 更改二楼内墙和门窗

删除二楼部分内墙,按照图 7.1.6 重新创建二楼内墙和门。

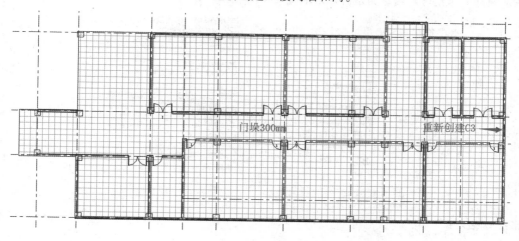

图 7.1.6 墙体平面布置

选择⑨轴上的门,使用"DE"命令删除。在原先门的位置重新创建窗"C3"(图 7.1.6)。
完成的项目文件见"任务 7\二层完成 .rvt"。

4. 复制二楼形成三至五楼

进入到 F2 平面视图,选择二楼所有的内外墙体、柱和楼板,单击"剪贴板"面板中的"复制到剪贴板"按钮,单击"从剪贴板中粘贴"下拉菜单中的"与选定的标高对齐"按钮,在弹出的"选择标高"面板中单击"F3、F4、F5",再单击"确定"按钮。
完成的项目文件见"任务 7\三至五层完成 .rvt"。

7.1.2 创建屋顶

任务要求:
按照图 7.1.7 创建平屋顶。

解决思路：

单击"建筑"选项卡"创建"面板中的"屋顶"按钮创建屋顶。

操作步骤：

打开"任务 7\三至五层完成 . rvt"，进入到"F6"楼层平面视图。

单击"建筑"选项卡"构建"面板"屋顶"下拉列表中的"迹线屋顶"按钮（图 7.1.8）。"属性"选项板中"类型选择器"选择"不上人屋顶-321 mm"，选项栏中悬挑值改为"—20.0"（图 7.1.9），按照创建楼板边界线的方式拾取外墙外边缘线创建屋顶边界线，使用"修剪"命令使边界线首尾闭合；选择所有的边界线，在"属性"选项板中取消勾选"定义屋顶坡度"（图 7.1.10）；单击"完成编辑模式"按钮，屋顶创建完毕。

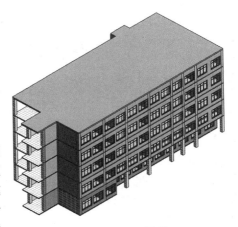

图 7.1.7 平屋顶

【说明】悬挑值改为"—20.0"，此项修改的目的是使屋顶外边缘线距外墙外边缘线 20 mm，即使屋顶外边缘线与外墙结构层的外边缘线吻合。

图 7.1.8 迹线屋顶工具

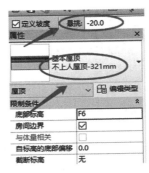

图 7.1.9 屋顶属性

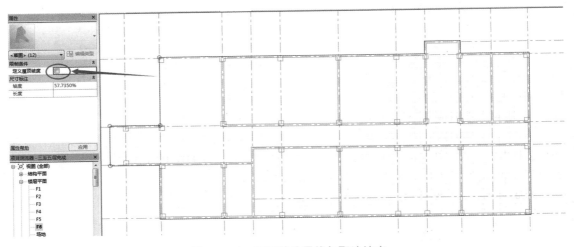

图 7.1.10 屋顶的边界线与取消坡度

完成的项目文件见"任务 7\屋顶完成 . rvt"。

7.2 相关技术：创建迹线屋顶

任务要求：

创建图 7.2.1 中的屋顶。

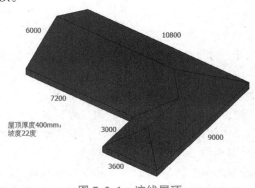

迹线屋顶

图 7.2.1 迹线屋顶

解决思路：

采用"迹线屋顶"创建屋顶，取消轴线ⓒ处的屋面边线的坡度。

操作步骤：

打开"迹线屋顶-教学.rvt"，打开 F1 楼层平面视图。

单击"建筑"选项卡"构建"面板中"屋顶"下拉列表中的"迹线屋顶"按钮。

在"修改｜创建屋顶迹线"上下文选项卡"绘制"面板中单击"直线"按钮，按照图 7.2.2 创建屋顶边界线，取消位于ⓒ轴的屋面边界线坡度。

在"属性"选项板类型选择器中选择"常规-400 mm"。

单击"修改｜创建屋顶迹线"上下文选项卡"模式"面板中的"完成编辑模式"按钮。

完成的项目文件见"任务 7\迹线屋顶-完成.rvt"。

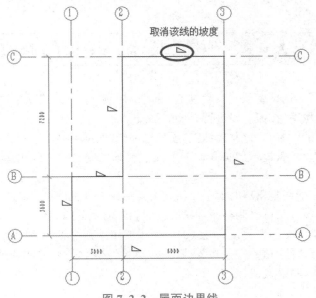

图 7.2.2 屋面边界线

7.3 相关技术：创建拉伸屋顶

7.3.1 创建拉伸屋顶

（1）打开立面视图或三维视图、剖面视图。

（2）单击"建筑"选项卡中"构建"面板"屋顶"下拉列表中的"拉伸屋顶"按钮。

拉伸屋顶

（3）在弹出的"工作平面"对话框中选择拾取一个参照平面。

（4）在弹出的"屋顶参照标高和偏移"对话框中，为"标高"设置一个"偏移"值。默认情况下，将选择项目中最高的标高。要相对于参照标高提升或降低屋顶，可在"偏移"指定一个值（单位为 mm）。

（5）用绘制面板的一种绘制工具，绘制开放环形式的屋顶轮廓（图 7.3.1）。

（6）单击"完成编辑模式"按钮，然后打开三维视图。根据需要将墙附着到屋顶。如图 7.3.2 所示。

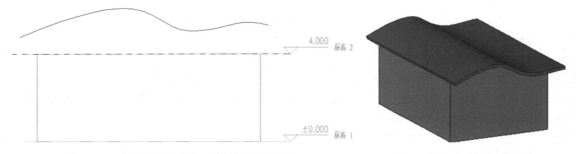

图 7.3.1　使用样条曲线工具绘制屋顶轮廓　　　　图 7.3.2　完成的拉伸屋顶

7.4 相关技术：屋顶的修改

（1）编辑屋顶草图。选择屋顶，然后单击"修改｜屋顶"上下文选项卡中"模式"面板中的"编辑迹线"按钮或"编辑轮廓"按钮，以进行必要的修改。

如果要修改屋顶的位置，可用"属性"选项板来编辑"底部标高"和"自标高的底部偏移"属性，以修改参照平面的位置。若提示屋顶几何图形无法移动的警告，请编辑屋顶草图，并检查有关草图的限制条件。

（2）使用造型操纵柄调整屋顶的大小。在立面视图或三维视图中，选择屋顶。根据需要，拖曳造型操纵柄。使用该方法可以调整按迹线或按面创建的屋顶的大小。

（3）修改屋顶悬挑。在编辑屋顶的迹线时，可以使用屋顶边界线的属性来修改屋顶悬挑。

在草图模式下，选择屋顶的一条边界线。在"属性"选项板上，为"悬挑"输入一个值。单击模式面板的"完成编辑模式"按钮（图 7.4.1）。

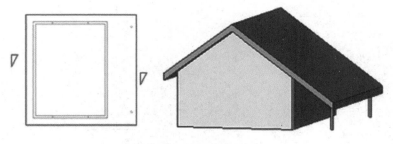

图 7.4.1　修改屋顶草图

7.5　相关技术：创建玻璃斜窗

（1）创建"迹线屋顶"或"拉伸屋顶"。

（2）选择屋顶，并在"属性"选项板的类型选择器中选择"玻璃斜窗"（图 7.5.1）。

可以在玻璃斜窗的幕墙嵌板上放置幕墙网格。按 Tab 键可在水平和垂直网格之间切换。

玻璃斜窗

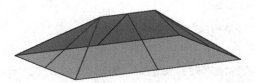

图 7.5.1　带有竖梃和网格线的玻璃斜窗

玻璃斜窗同时具有屋顶和幕墙的功能，因此也同样可以用屋顶和幕墙的编辑方法编辑玻璃斜窗。

7.6　相关技术：创建老虎窗屋顶

使用坡度箭头创建老虎窗：

（1）绘制迹线屋顶，包括坡度定义线。

（2）在草图模式中，单击"修改│创建迹线屋顶"上下文选项卡下"修改"面板中的"拆分图元"按钮。

（3）在迹线中的两点处拆分其中一条线，创建一条中间线段（老虎窗线段）（图 7.6.1）。

老虎窗屋顶

（4）如果老虎窗线段是坡度定义（◹），请选择该线，然后取消"属性"选项板上的"定义屋顶坡度"。

（5）单击"修改│创建迹线屋顶"上下文选项卡下"绘制"面板种的"坡度箭头"按钮，在"属性"选项板中设置"头高度偏移值"，然后从老虎窗线段的一端到中点绘制坡度箭头（图 7.6.2）。

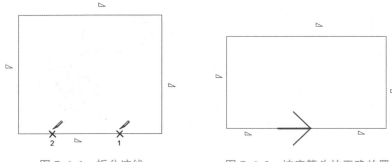

图 7.6.1　拆分迹线　　　　　　　　图 7.6.2　坡度箭头的正确放置

（6）再次单击"坡度箭头"按钮，设置"头高度偏移值"，并从老虎窗线段的另一端到中点绘制第二个坡度箭头（图7.6.3）。

（7）单击"完成编辑模式"按钮，然后打开三维视图查看效果（图7.6.4）。

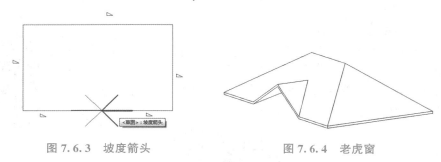

图 7.6.3　坡度箭头　　　　　　　　图 7.6.4　老虎窗

总　结

（1）平屋顶和坡屋顶的创建方法：单击"建筑"选项卡"构建"面板"屋顶"下拉列表中"迹线屋顶"按钮，创建楼板边界线（注意：边界线需首尾闭合。一般用"修剪"命令修剪），选择边界线，在"属性"选项板设置坡度可形成坡屋顶，取消坡度可形成平屋顶。

（2）拉伸屋顶的创建方法：单击"建筑"选项卡"构建"面板"屋顶"下拉列表中的"拉伸屋顶"按钮，用绘制面板的一种绘制工具，绘制开放环形式的屋顶轮廓，单击"完成编辑模式"按钮。

（3）玻璃斜窗的创建方法：创建"迹线屋顶"或"拉伸屋顶"，在"属性"选项板类型选择器中选择"玻璃斜窗"，形成玻璃斜窗屋顶。

（4）老虎窗的创建方法：在边界线创建草图中，单击"修改 | 创建迹线屋顶"上下文选项卡"修改"面板中的"拆分图元"按钮，拆分出老虎窗倾斜的边界线并绘制坡度箭头，可创建老虎窗斜窗。

习题与能力提升

见"习题与能力提升视频资源库"中的习题视频资源7。

任务 8 Revit 创建楼梯、栏杆扶手、洞口

学习目标

(1)掌握教学楼工程楼梯创建的方法。
(2)掌握教学楼工程栏杆扶手创建的方法。
(3)掌握教学楼工程洞口创建的方法。
(4)掌握其他类型的楼梯、栏杆扶手、洞口的创建方法。

>> 任务描述

序号	工作任务	任务驱动
1	创建教学楼工程楼梯	1. 用参照平面确定楼梯的定位; 2. 使用楼梯(按草图)创建楼梯; 3. 对楼梯间进行修改,包括将首层楼梯延伸至五楼、楼梯间开洞、创建顶层栏杆
2	创建其他类型楼梯并进行楼梯编辑	1. 使用楼梯创建直梯、螺旋梯段、U 形梯段、L 形梯段、自定义绘制的梯段; 2. 对楼梯进行编辑,包括修改边界以及踢面线和梯段线、修改楼梯栏杆扶手、移动楼梯标签、修改楼梯方向
3	创建栏杆和扶手	1. 创建一段默认的栏杆扶手; 2. 对扶手和栏杆进行编辑
4	创建洞口	创建竖井洞口、面洞口、墙洞口、垂直洞口

任务的解决与相关技术

8.1 工作任务:创建"教学楼工程"楼梯

8.1.1 楼梯

任务要求:
创建①轴、②轴间的楼梯和⑦轴、⑧轴间的楼梯(图 8.1.1)。
解决思路:
单击"楼梯"按钮,修改楼梯定位线、实际楼梯宽度等,修改"属性"选项板中的"类型""多层

教学楼案例:楼梯

顶部标高"等，单击相应位置创建楼梯梯段；选择楼梯平台进行删除，重新创建楼梯平台。

操作步骤：

1. 创建①轴、②轴间的楼梯

打开"任务 7\屋顶完成 .rvt"，进入到 F1 楼层平面视图。

单击"建筑"选项卡"楼梯坡道"面板中"楼梯"下拉列表中的"楼梯"（按章图）按钮（图 8.1.2），选项栏中定位线改为"梯段：右"，实际楼梯宽度改为"1 650"，"属性"选项板类型选择器中选择"整体式楼梯-带踏

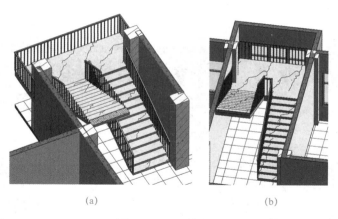

图 8.1.1　一楼楼梯

(a)①轴、②轴间楼梯；(b)⑦轴、⑧轴间楼梯

板踢面"、多层顶部标高为"F5"（图 8.1.3）。单击Ⓔ轴、②轴交点柱的内侧，向左侧移动光标，当显示"创建了 14 个踢面，剩余 14 个"时单击左键；同样，单击Ⓒ轴、①轴交点柱内侧，向右侧移动光标，当显示"创建了 28 个踢面，剩余 0 个"时单击鼠标左键，此时创建的楼梯如图 8.1.4 所示。按 ESC 键退出梯段创建命令，选择楼梯左侧平台进行删除，单击"构件"面板中的"平台"→"创建草图"按钮，按照图 8.1.5 重新绘制平台边界，将"属性"选项板中的相对高度修改为"2 100"；单击"完成编辑模式"按钮完成平台绘制，再单击"完成编辑模式"，楼梯创建完成。

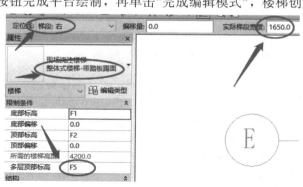

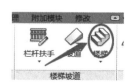

图 8.1.2　楼梯

图 8.1.3　楼梯实例属性修改

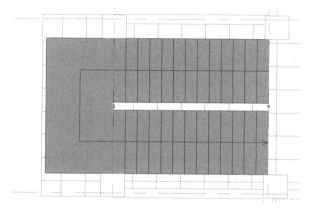

图 8.1.4　初步创建的楼梯

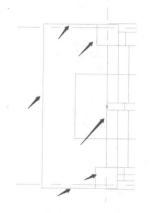

图 8.1.5　修改平台边界后的楼梯

2. 创建⑦轴、⑧轴间的楼梯

采用同样的方法，单击"建筑"选项卡"楼梯坡道"面板中"楼梯"按钮，选项栏中的定位线选为"梯段：右"，实际楼梯宽度改为"1 650"，在"属性"选项板"类型选择器"中选择"整体式楼梯-带踏板踢面"多层顶部标高为"F5"。在⑧轴楼梯间墙体内侧距Ê轴 3 000 mm 处单击鼠标左键，向上移动鼠标光标，当显示"创建了 14 个踢面，剩余 14 个"时单击鼠标左键；同样，在⑦轴楼梯间墙体内侧，下移鼠标光标，当显示"创建了 28 个踢面，剩余 0 个"时单击鼠标左键，此时创建的楼梯如图 8.1.6 所示。按 ESC 键退出梯段创建命令，选择楼梯上侧平台进行删除，单击"构件"面板中的"平台""创建草图"按钮，按照图 8.1.7 重新绘制平台边界，将"属性"选项板中的相对高度修改为"2 100"；单击"完成编辑模式"按钮完成平台绘制，再单击"完成编辑模式"按钮，楼梯创建完成。

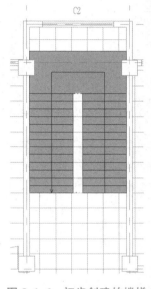

图 8.1.6　初步创建的楼梯

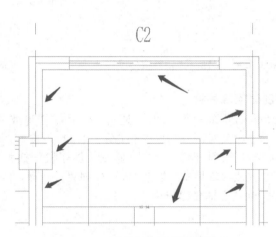

图 8.1.7　修改平台边界后的楼梯

完成的项目文件见"任务 8\楼梯完成.rvt"。

8.1.2　楼梯间

1. 楼梯间开洞

单击"建筑"选项卡"洞口"面板中的"竖井"按钮，在"属性"选项板设置"底部限制条件"为"F1"、"顶部约束"为"直到标高：F5"（图 8.1.8），沿楼梯梯段线和楼梯间内墙绘制图 8.1.9、图 8.1.10 所示的竖井边界，单击"修改|创建竖井洞草图"上下文选项卡"模式"面板中的"完成编辑模式"。楼梯间洞口创建完毕。

【说明】竖井只修剪楼板，不修剪柱、墙、楼梯。

图 8.1.8　竖井设置

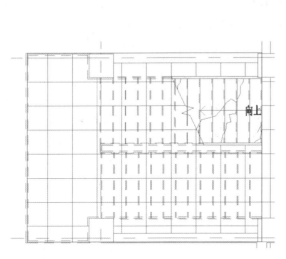

图 8.1.9 ①轴、②轴处楼梯竖井边界

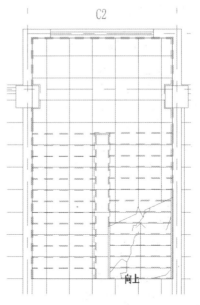

图 8.1.10 ⑦轴、⑧轴处楼梯竖井边界

2. 创建顶层栏杆

进入到 F5 平面视图。单击"建筑"选项卡"楼梯坡道"面板"栏杆扶手"下拉列表中的"绘制路径"按钮(图 8.1.11),按照图 8.1.12 绘制ⓒ轴、ⓔ轴楼梯间栏杆路径,单击"修改︱创建栏杆扶手路径"上下文选项卡中的"完成编辑模式"按钮完成栏杆创建。同理,按照图 8.1.13 创建 F5 层⑦轴、⑧轴楼梯间栏杆。

图 8.1.11 栏杆工具

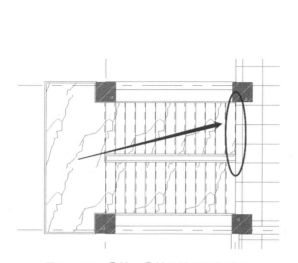

图 8.1.12 ①轴、②轴处楼梯栏杆路径

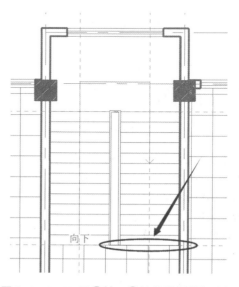

图 8.1.13 F5 层⑦轴、⑧轴处楼梯栏杆路径

完成的项目文件见"任务 8\楼梯间完成.rvt"。

8.2.1 创建楼梯

通过装配梯段、平台和支撑构件来创建楼梯。一个基于构件的楼梯包含梯段、平台、支撑和栏杆扶手。

楼梯命令详解

（1）梯段：直梯、螺旋梯段、U 形梯段、L 形梯段、自定义绘制的梯段。

（2）平台：在梯段之间自动创建，通过拾取两个梯段，或通过创建自定义绘制的平台。

（3）支撑（侧边和中心）：随梯段自动创建，或通过拾取梯段或平台边缘创建。

（4）栏杆扶手：在创建期间自动生成，或稍后放置。

1. 创建楼梯梯段

可以使用单个梯段、平台和支撑构件组合楼梯。使用梯段构件工具可创建通用梯段，直梯、全踏步螺旋梯段、圆心-端点螺旋梯段、L 形斜踏步梯段、U 形斜踏步梯分别如图 8.2.1 所示。

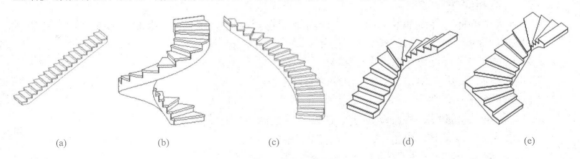

图 8.2.1   各种楼梯梯段

（a）直梯；（b）全踏步螺旋梯段；（c）圆心-端点螺旋梯段；（d）L 形斜踏步梯段；（e）U 形斜踏步梯段

（1）单击"建筑"选项卡下"楼梯坡道"面板"楼梯"按钮。

（2）在"构件"面板上，确认"梯段"处于选中状态。

（3）选择一种绘制工具，默认绘制工具是"直梯"，还有全踏步螺旋、圆心-端点螺旋、L 形转角、U 形转角等工具。

（4）在选项栏上。

1）"定位线"参数分为：左、中、右等共五项（包括梯边梁外侧和梯段两种类型）。一般情况下，若选择"左"，则梯段的绘制路径为梯段左边线（图 8.2.2①）；若选择"中"，则梯段的绘制路径为梯段中线（图 8.2.2③）；若选择"右"，则梯段的绘制路径为梯段右边线（图 8.2.2②）。

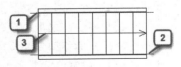

图 8.2.2   定位线

2）对于"偏移"，为创建路径指定一个可选偏移值。例如，如果"偏移"值输入"100"，并且"定位线"为"中心"，则创建路径为向上楼梯中心线的右侧 100 mm。负偏移在中心线的左侧。

3）默认情况下选中"自动平台"。如果创建到达下一楼层的两个单独梯段，Revit 会在这两个梯段之间自动创建平台。如果不需要自动创建平台，请清除此选项。

（5）在"属性"选项板中，根据设计要求修改相应参数。

（6）在"修改｜创建楼梯"上下文选项卡"工具"面板上，单击"栏杆扶手"按钮。

1）在弹出的"栏杆扶手"对话框中，选择栏杆扶手类型，如果不想自动创建栏杆扶手，则选择"无"，在以后根据需要添加栏杆扶手（参见栏杆扶手章节）。

2）选择栏杆扶手所在的位置，有"踏板"和"梯边梁"选项，默认值是"踏板"。

3）单击"确定"按钮，完成设置。

【小贴士】在完成楼梯编辑部件模式之前，看不到栏杆扶手。

（7）根据所选的梯段类型（直梯、全踏步螺旋梯、圆心-端点螺旋梯等），按照状态栏提示，可创建各种类型的梯段。

（8）在"模式"面板上，单击"完成编辑模式"按钮，完成楼梯梯段的创建。

2. 创建楼梯平台

在楼梯部件的两个梯段之间创建平台。可以在梯段创建期间选择自动平台选项以自动创建连接梯段的平台。如果不选择此选项，则可以在稍后连接两个相关梯段，条件是：两个梯段在同一楼梯部件编辑任务中创建；一个梯段的起点标高或终点标高与另一梯段的起点标高或终点标高相同（图8.2.3）。

图8.2.3　三种条件下创建楼梯平台的可能性

（1）确认在楼梯部件编辑模式下。如果需要，选择楼梯，切换至"修改｜楼梯"上下文选项卡，在"编辑"面板上，单击"编辑楼梯"按钮。

（2）在"构件"面板上，单击"平台"按钮。

（3）在"绘制"库中，单击"拾取两个梯段"按钮。

（4）选择第一个梯段。

（5）选择第二个梯段，将自动创建平台以连接这两个梯段。

（6）在"模式"面板上，单击"完成编辑模式"按钮。

3. 创建支撑构件

通过拾取梯段或平台边缘创建侧支撑。使用"支撑"工具可以将侧支撑添加到基于构件的楼梯。可以选择各个梯段或平台边缘，或使用Tab键以高亮显示连续楼梯边界。

（1）打开平面视图或三维视图。

（2）要为现有梯段或平台创建支撑构件，切换至"修改｜楼梯"上下文选项卡选择楼梯，在"编辑"面板上单击"编辑楼梯"按钮。

（3）楼梯部件编辑模式将处于活动状态。

（4）单击"修改｜创建楼梯"上下文选项卡"构件"面板中的"支座"按钮。

（5）在绘制库中，单击"拾取边"按钮。

（6）将鼠标光标移动到要添加支撑的梯段或平台边缘上，并单击以选择边缘。

【小贴士】支撑不能重复添加。若已经在楼梯的类型属性中定义了相应的"右侧支撑""左侧支撑"和"支撑类型"属性，则只能先删除该支撑，再通过"拾取边缘"添加支撑。

（7）（可选）选择其他边缘以创建另一个侧支撑。

连续支撑将通过斜接连接自动连接在一起。

【小贴士】要选择楼梯的整个外部或内部边界，请将光标移到边缘上，按住Tab键，直到整个边界被高亮显示，然后单击以将其选中。在这种情况下，将通过斜接连接创建平滑支撑。

（8）单击"完成编辑模式"按钮，完成楼梯平台的创建。

8.2.2　编辑楼梯

1. 修改边界以及踢面线和梯段线

可以修改楼梯的边界、踢面线和梯段线，从而将楼梯修改为所需的形状。例如，可选择梯段线并拖曳此梯段线，以添加或删除踢面。

（1）修改一段楼梯。

1）选择楼梯切换至"修改｜楼梯"上下文选项卡。

2）单击"修改｜楼梯"上下文选项卡下"模式"面板中的"编辑草图"按钮。

3）单击"修改｜楼梯＞编辑草图"选项卡下"绘制"面板，选择适当的绘制工具进行修改。

（2）修改使用边界线和踢面线绘制的楼梯。选择楼梯，单击"编辑楼梯"，选择"梯段"中的"编辑草图"可以更改绘制楼梯边界线。

在"属性"面板中，修改楼梯的实例属性和类型属性。

（3）带有平台的楼梯栏杆扶手。如果通过绘制边界线和踢面线创建的楼梯包含平台，请在边界线与平台的交汇处拆分边界线，以便栏杆扶手将准确地沿着平台和楼梯坡度。

选择楼梯，然后单击"修改｜创建楼梯草图"上下文选项卡下"修改"面板的"拆分"工具。将拆分图标移动到楼梯段与楼梯平台交汇处，进行单击。

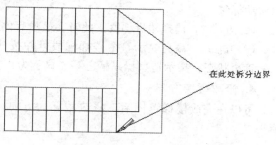

图 8.2.4　拆分边界

在与平台交汇处拆分边界线（图 8.2.4）。

2. 修改楼梯栏杆扶手

（1）修改栏杆扶手。选择栏杆扶手。如果处于平面视图中，则使用 Tab 键可能有助于选择栏杆扶手。

【提示】在三维视图中修改栏杆扶手，可以使选择更容易，且能更好地查看所作的修改。

在"属性"选项板上根据需要修改栏杆扶手的实例属性，或者单击"编辑类型"按钮，在"类型属性"对话框中修改类型属性。

要修改栏杆扶手的绘制线，单击"修改｜栏杆扶手"上下文选项卡"模式"面板中"编辑路径"按钮。

按照需要编辑所选线。由于正处于草图模式，因此可以修改所选线的形状以符合设计要求。栏杆扶手线可由连接直线和弧段组成，但无法形成闭合环。通过拖曳蓝色控制柄可以调整线的尺寸。可以将栏杆扶手线移动到新位置，如楼梯中央。无法在同一个草图任务中绘制多个栏杆扶手。对于所绘制的每个栏杆扶手，必须首先完成草图，然后才能绘制另一个栏杆扶手。

（2）延伸楼梯栏杆扶手。如果要延伸楼梯栏杆扶手（如从梯段延伸至楼板），则需要拆分栏杆扶手线，从而使栏杆扶手改变其坡度并与楼板正确相交（图 8.2.5、图 8.2.6）。

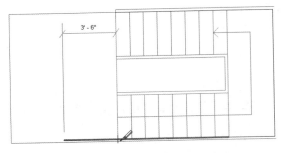

图 8.2.5 拆分栏杆扶手线边界

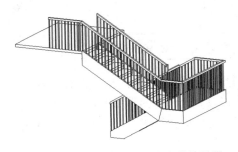

图 8.2.6 延伸栏杆扶手的完成效果图

3. 移动楼梯标签

使用以下三种方法中的任何一种,可以拖曳在含有一段楼梯的平面视图中显示的"向上"或"向下"标签。

(1)方法 1。将光标放在楼梯文字标签上。此时标签旁边会显示拖曳控制柄。拖曳此控制柄以移动标签。

(2)方法 2。选择楼梯梯段。此时会显示蓝色的拖曳控制柄。拖曳此控制柄以移动标签。

(3)方法 3。高亮显示整个楼梯梯段,并按 Tab 键选择造型操纵柄。按 Tab 键时观察状态栏,直至状态栏指示造型操纵柄已高亮显示为止。拖曳标签到一个新位置。

4. 修改楼梯方向

可以在完成楼梯草图后,修改楼梯的方向。在项目视图中选择楼梯,单击蓝色翻转控制箭头。

8.3　相关技术:创建栏杆和扶手

8.3.1　栏杆和扶手

(1)单击"建筑"选项卡下"楼梯坡道"面板中的"栏杆扶手"按钮。若不在绘制扶手的视图中,将提示拾取视图,从列表中选择一个视图,并单击"打开视图"按钮。

栏杆和扶手

(2)要设置扶手的主体,可单击"修改 | 创建扶手路径"上下文选项卡"工具"面板中的"拾取新主体"按钮,并将鼠标光标放在主体(例如楼板或楼梯)附近。在主体上单击以选择它。

(3)在"绘制"面板绘制扶手。单击"绘制"面板中的"直线"按钮,在楼梯上绘制扶手。此时应当注意,必须绘制在楼梯板的范围内,以保证栏杆扶手能够得到楼梯的正确支撑和产生相应的倾斜。

(4)在"属性"选项板上根据需要对实例属性进行修改,或者单击"编辑类型"按钮在"类型属性"对话框中修改类型属性。

(5)单击"完成编辑模式"按钮。

8.3.2 编辑扶手

1. 修改扶手结构

(1)选择一个扶手。

(2)在"属性"选项板,单击"编辑类型"按钮。

(3)在"类型属性"对话框中,单击"扶手结构"右侧的"编辑"按钮。在"编辑扶手"对话框中,能为每个扶手指定的属性有"高度""偏移""轮廓"和"材质"。

(4)要另外创建扶手,可单击"插入"按钮。输入新扶手的"名称""高度""偏移""轮廓"和"材质"属性。

(5)单击"向上"或"向下"可以调整扶手位置。

(6)完成后,单击"确定"按钮退出"编辑扶手"对话框。

2. 修改扶手连接

(1)打开扶手所在的平面视图或三维视图。

(2)选择扶手,切换至"修改│栏杆扶手"上下文选项卡单击"模式"面板的"编辑路径"按钮。

(3)单击"修改│扶手＞绘制路径"上下文选项卡"工具"面板的"编辑连接"按钮。

(4)沿扶手的路径移动光标。当光标沿路径移动到连接上时,此连接的周围将出现一个框。

(5)单击以选择此连接。选择此连接后,此连接上会显示 X。

(6)在选项栏上,为"扶手连接"选择一个连接方法。有"延伸扶手使其相交""插入垂直/水平线段""无连接件"等选项(图 8.3.1)。

图 8.3.1　扶栏连接类型

(7)单击"完成编辑模式"按钮。

3. 修改扶手高度和坡度

(1)选择扶手,单击"修改│扶手"上下文选项卡"模式"面板中的"编辑路径"按钮。

(2)选择扶手绘制线。在选项栏中,"高度校正"的默认值为"按类型",这表示高度调整受扶手类型控制;也可选择"自定义"作为"高度校正",在旁边的文本框中输入值。

(3)在选项栏的"坡度"选择中,有"按主体""水平""带坡度"三种选项。

1)"按主体"扶手段的坡度与其主体(例如楼梯或坡道)相同,如图 8.3.2(a)所示。

2)"水平"。扶手段始终呈水平状。对于图 8.3.2(b)中类似的扶手,需要进行高度校正或编辑扶手连接,从而在楼梯拐弯处连接扶手。

3)"倾斜"。扶手段呈倾斜状,以便与相邻扶手段实现不间断的连接,如图 8.3.2(c)所示。

(a)　　　　　　　　　　　(b)　　　　　　　　　　　(c)

图 8.3.2　不同坡度选择的楼梯

8.3.3 编辑栏杆

(1)在平面视图中，选择一个扶手。

(2)在"属性"选项板上，单击"编辑类型"按钮。

(3)在"类型属性"对话框中，单击"栏杆位置"后的"编辑"按钮。

【注意】在"类型属性"对话框中所做的修改会影响项目中同一类型的所有扶手。可以单击"复制"以创建新的扶手类型。

(4)在弹出的"编辑栏杆位置"对话框中，上部为"主样式"选项组(图8.3.3)。

图 8.3.3　栏杆主样式

"主样式"选项组内的参数如下：

1)"栏杆族"。"栏杆族"详解见表8.3.1。

表 8.3.1　"栏杆族"详解

执行的选项	解释
选择"无"	显示扶手和支柱，但不显示栏杆
在列表中选择一种栏杆	使用图纸中的现有栏杆族

2)"底部"。指定栏杆底端的位置：扶手顶端、扶手底端或主体顶端。主体可以是楼层、楼板、楼梯或坡道。

3)"底部偏移"。栏杆的底端与"底部"之间的垂直距离负值或正值。

4)"顶部"(参见"底部"选项)。指定栏杆顶端的位置(常为"顶部栏杆图元")。

5)"顶部偏移"。栏杆的顶端与"顶部"之间的垂直距离负值或正值。

6)"相对前一栏杆的距离"。样式起点到第一个栏杆的距离，或(对于后续栏杆)相对于样式中前一栏杆的距离。

7)"偏移"。栏杆相对于扶手绘制路径内侧或外侧的距离。

8)"截断样式位置"选项。扶手段上的栏杆样式中断点。详解见表8.3.2。

表 8.3.2　"截断样式位置"选项详解

执行的选项	解释
选择"每段扶手末端"	栏杆沿各扶手段长度展开
选择"角度大于"，然后输入一个"角度"值	如果扶手转角(转角是在平面视图中进行测量的)等于或大于此值，则会截断样式并添加支柱。一般情况下，此值保持为0。在扶手转角处截断，并放置支柱
选择"从不"	栏杆分布于整个扶手长度。无论扶手有任何分离或转角，始终保持不发生截断。

9)"对齐"选项。

①"起点"表示该样式始自扶手段的始端。如果样式长度不是恰为扶手长度的倍数,则最后一个样式实例和扶手段末端之间则会出现多余间隙。

②"终点"表示该样式始自扶手段的末端。如果样式长度不是恰为扶手长度的倍数,则最后一个样式实例和扶手段始端之间则会出现多余间隙。

③"中心"表示第一个栏杆样式位于扶手段中心,所有多余间隙均匀分布于扶手段的始端和末端。

【小贴士】如果选择了"起点""终点"或"中心",则在"超出长度填充"栏中选择栏杆类型。

④"展开样式以匹配"表示沿扶手段长度方向均匀扩展样式。不会出现多余间隙,且样式的实际位置值不同于"样式长度"中指示的值。

(5)勾选选项栏上"楼梯上每个踏板都使用栏杆"(图8.3.4),指定每个踏板的栏杆数,指定楼梯的栏杆族。

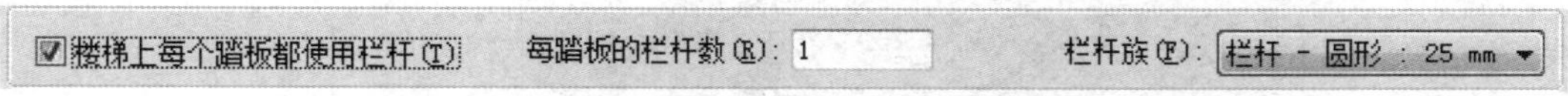

图8.3.4 栏杆数

(6)在"支柱"选项组中,对栏杆"支柱"进行修改(图8.3.5)。

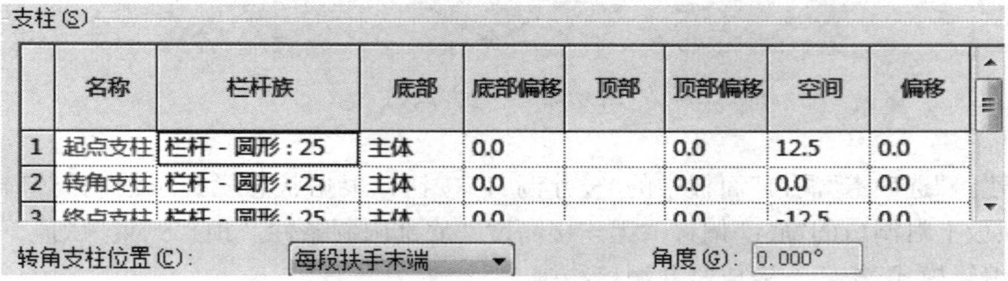

图8.3.5 支柱参数

"支柱"选项组内的参数如下:

1)"名称"。栏杆内特定主体的名称。

2)"栏杆族"。指定起点支柱族、转角支柱族和终点支柱族。如果不希望在扶手起点、转角或终点处出现支柱,请选择"无"。

3)"底部"。指定支柱底端的位置:扶手顶端、扶手底端或主体顶端。主体可以是楼层、楼板、楼梯或坡道。

4)"底部偏移"。支柱底端与基面之间的垂直距离负值或正值。

5)"顶部"。指定支柱顶端的位置(常为扶手)。各值与基面各值相同。

6)"顶部偏移"。支柱顶端与顶之间的垂直距离负值或正值。

7)"空间"。需要相对于指定位置向左或向右移动支柱的距离。例如,对于起始支柱,可能需要将其向左移动0.1 m,以使其与扶手对齐。在这种情况下,可以将间距设置为0.1 m。

8)"偏移"。栏杆相对于扶手路径内侧或外侧的距离。

9)"转角支柱位置"选项(参见"截断样式位置"选项)指定扶手段上转角支柱的位置。

10)"角度"选项。此值指定添加支柱的角度。如果"转角支柱位置"的选择值是"角度大于",则使用此属性。

(7)修改完上述内容后,单击"确定"按钮。

洞口命令

8.4　相关技术：创建洞口

8.4.1　竖井洞口

通过"竖井洞口"可以创建一个竖直的洞口，该洞口对屋顶、楼板和天花板进行剪切(图8.4.1)。

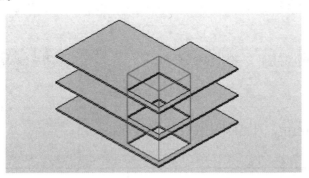

图 8.4.1　竖井洞口

单击"建筑"选项卡"洞口"面板中的"竖井洞口"按钮，根据状态栏提示绘制洞口轮廓，并在"属性"选项板上对洞口的"底部偏移""无连接高度""底部限制条件""顶部约束"赋值。绘制完毕，单击"完成编辑模式"按钮，完成竖井洞口绘制。

8.4.2　面洞口

使用"按面"洞口命令可以垂直于楼板、天花板、屋顶、梁、柱子、支架等构件的斜面、水平面或垂直面剪切洞口。

8.4.3　墙洞口

(1)创建洞口：打开立面或剖面视图，单击"建筑"选项卡"洞口"面板中的"墙洞口"按钮。选择将作为洞口主体的墙，绘制一个矩形洞口。

(2)修改洞口：选择要修改的洞口，可以使用拖曳控制柄修改洞口的尺寸和位置(图8.4.2)。也可以将洞口拖曳到同一面墙上的新位置，然后为洞口添加尺寸标注。

8.4.4　垂直洞口

可以设置一个贯穿屋顶、楼梯或天花板的垂直洞口。该垂直洞口垂直于标高，它不反射选定对象的角度。

单击"建筑"选项卡"洞口"面板中的"垂直洞口"按钮，根据状态栏提示，绘制垂直洞口(图8.4.3)。

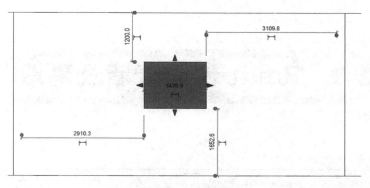

图 8.4.2　修改洞口

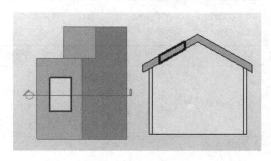

图 8.4.3　垂直洞口

总　　结

　　(1)楼梯的创建方法：单击"建筑"选项卡"楼梯坡道"面板中的"楼梯"按钮，在选项栏中设置"定位线"和"实际梯段宽度"，在"属性"选项板中设置"类型""底部标高""顶部标高""所需踢面数""实际踏板深度"等参数，单击绘图区域进行创建，创建完成后单击"完成编辑模式"按钮。

　　(2)洞口的创建方法：单击"建筑"选项卡"洞口"面板中的"竖井"按钮，在"属性"选项板中设置"底部限制条件"为"F1"，"顶部约束"为"直到标高：F5"。

　　(3)栏杆扶手的创建方法：单击"建筑"选项卡"楼梯坡道"面板"栏杆扶手"下拉列表中"绘制路径"按钮创建栏杆扶手。

习题与能力提升

　　见"习题与能力提升视频资源库"中的习题视频资源8。

任务 9　Revit 创建幕墙及幕墙门窗

⚝ **学习目标**

(1)掌握教学楼工程中幕墙及幕墙门窗的创建方法。

(2)掌握修改幕墙的方法。

任务描述

序号	工作任务	任务驱动
1	创建教学楼工程中的幕墙及幕墙门窗	1. 复制新建一个幕墙类型； 2. 在"属性"选项板中修改幕墙的类型、高度等值，进行幕墙创建； 3. 删除幕墙竖梃、网格线，进行门嵌板替换
2	添加或修改幕墙网格、竖梃、嵌板类型	1. 添加幕墙网格； 2. 添加幕墙竖梃； 3. 控制水平竖梃和竖直竖梃之间的连接； 4. 修改嵌板类型

任务的解决与相关技术

9.1　工作任务：创建"教学楼工程"幕墙及幕墙门窗

9.1.1　幕墙创建

任务要求：

创建图 9.1.1 中的幕墙。

解决思路：

单击"墙：建筑墙"按钮，在"属性"选项板"类型选择器"中选择"幕墙"，在"类型属性"对话框中设置网格、竖梃，在实例属性中设置幕墙的底和顶。

操作步骤：

打开"任务 8\楼梯间完成.rvt"。双击"项目浏览器"→"视图"→"楼层平面"中的"F1"，进入 F1 楼层平面视图。

单击"建筑"选项卡"构建"面板"墙"下拉列表中的"墙：建筑墙"。在"属性"选项板"类型选择

教学楼案例：
幕墙及幕墙门窗

器"中选择"幕墙"(图9.1.2)。新建幕墙类型：单击"属性"选项板中的"编辑类型"按钮，在弹出的"类型属性"对话框中单击"复制"按钮，输入自定义名称为"幕墙-教学楼"，单击"确定"按钮（图9.1.3），按照图9.1.4，在"类型属性"对话框中将"垂直网格"的"布局"设置为"固定距离"，"间距"设置为"600"；"水平网格"的"布局"设置为"固定距离"，"间距"设置为"1 400"；"垂直竖梃""水平竖梃"类型均设置为"矩形竖梃：50×150 mm"，单击"确定"按钮退出"类型属性"对话框；按照图9.1.5，在"属性"选项板设置底部限制条件"F1"、底部偏移"0.0"、顶部约束"直到标高：F1"、顶部偏移"22 200"，并将选项栏的偏移量改为"75.0"；按顺序单击图9.1.6所示楼板边界线上的A、B、C、D四个点创建楼梯间幕墙。

同理，按顺序单击楼板边界线上的E、F、G点创建大厅幕墙。

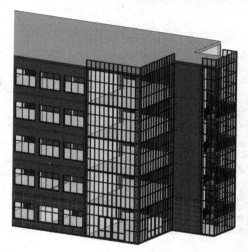

图 9.1.1　幕墙模型

图 9.1.2　幕墙

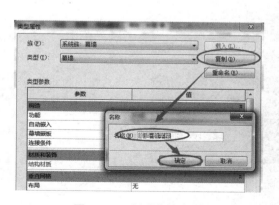

图 9.1.3　新建幕墙类型

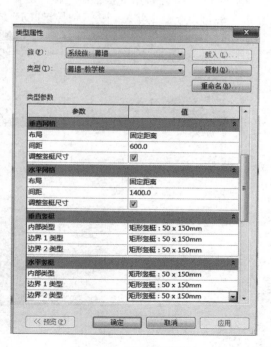

图 9.1.4　幕墙类型属性

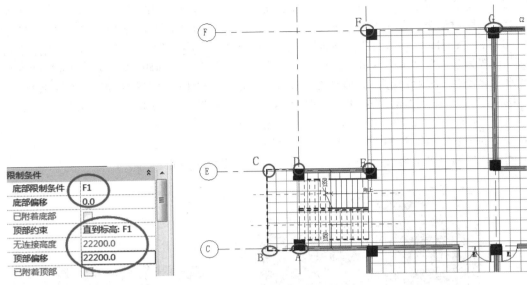

限制条件
底部限制条件
F1
底部偏移
0.0
已附着底部
顶部约束
直到标高: F1
无连接高度
22200.0
顶部偏移
22200.0
已附着顶部

图 9.1.5　幕墙实例属性

F
E
C
C2
1350
向上
A
B

图 9.1.6　创建幕墙

创建完成的幕墙见“任务 9\幕墙完成 . rvt”。

9.1.2　幕墙门窗

双击“项目浏览器”→“视图”→“立面”→“西”，进入西立面视图。视觉样式改为“着色”(图 9.1.7)。

单击图 9.1.8 左边第 5 根幕墙竖梃，会出现“禁止或允许改变图元位置”标记，单击该标记(图 9.1.8)可以改变其状态，输入快捷键“DE”删除该竖梃。同理，删除图 9.1.9 中的其余竖梃。

图形显示选项(G)...
线框
隐藏线
着色
一致的颜色
真实
光线追踪

图 9.1.7　调为着色模式

1/F
F
E

图 9.1.8　改变图元状态

F
E

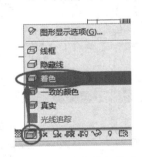

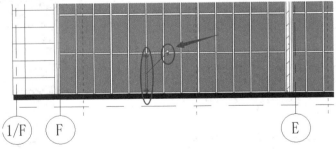

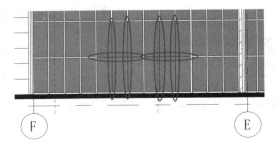

图 9.1.9　需删除的竖梃

单击图 9.1.10 中的网格线，切换至"修改｜幕墙网格"上下文选项卡单击"幕墙网格"面板中的"添加/删除线段"按钮，再单击该网格线上的需要删除的网格线，可删除该相应网格线。同理，删除其余没有竖梃的网格线，删除后的模型如图 9.1.11 所示。

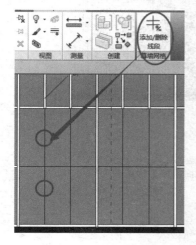

图 9.1.10　删除网格线　　　　图 9.1.11　网格线删除后的模型

按照图 9.1.12 所示，鼠标光标停在嵌板边缘处，按键盘 Tab 键多次直至出现要替换掉的嵌板轮廓，单击拾取该嵌板；在"属性"选项板类型选择器中选择"100 系列有横档"。同理，修改右侧嵌板也为"100 系列有横档"。更改后的幕墙嵌板如图 9.1.13 所示。

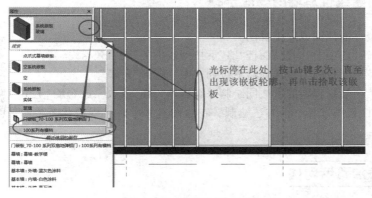

图 9.1.12　选择嵌板修改类型

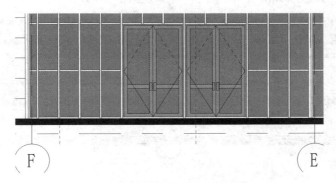

图 9.1.13　幕墙嵌板修改

按照以上方法，在北立面修改②轴、③轴间的幕墙嵌板，更改后的幕墙嵌板如图 9.1.14 所示。

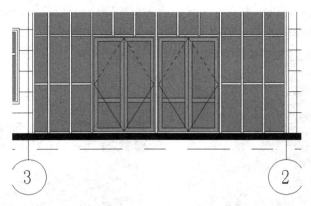

图 9.1.14　②轴、③轴间幕墙嵌板修改

完成的项目文件见"任务 9\幕墙门窗完成 . rvt"。

9.2　相关技术：幕墙命令详解

9.2.1　创建线性幕墙的一般步骤

（1）打开楼层平面视图或三维视图。
（2）单击"建筑"选项卡"构建"面板"墙"下拉列表中的"墙：建筑"按钮。
（3）从"属性"选项板的类型选择器下拉列表中，选择"幕墙"。
（4）绘制幕墙：绘制幕墙的方法同绘制一般墙体，在"修改｜放置墙"上下文选项卡"绘制"面板中选择一种方法绘制。在绘图过程中，可根据状态栏的提示，绘制墙体。

幕墙命令详解

9.2.2　添加幕墙网格

选中一面幕墙，单击幕墙"属性"选项板中的"编辑类型"按钮，在弹出的"类型属性"对话框中，可以选择"垂直网格方式"和"水平网格方式"添加网格（图 9.2.1）。

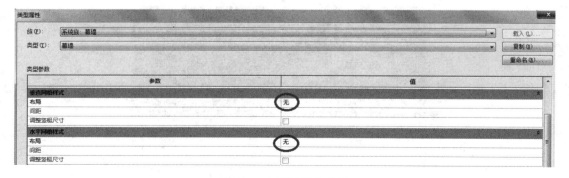

图 9.2.1　幕墙网格设置

也可以手动添加网格，手动添加网格的操作步骤如下：

在三维视图或立面视图下，单击"建筑"选项卡"构建"面板中的"幕墙网格"按钮。在"修改｜放置 幕墙网格"上下文选项卡"放置"面板中选择放置类型。有三种放置类型，分别为"全部分段"（在出现预览的所有嵌板上放置网格线段）、"一段"（在出现预览的一个嵌板上放置一条网格线段）、"除拾取外的全部"（在除了选择排除的嵌板之外的所有嵌板上，放置网格线段）。将幕墙网格放置在幕墙嵌板上时，在嵌板上将显示网格的预览图像，可以使用以上三种网格线段选项之一来控制幕墙网格的位置。

在绘图区域单击选择某网格线，单击出现临时定位尺寸，对网格线的定位进行修改（图 9.2.2）；或单击"修改｜幕墙网格"上下文选项卡"幕墙网格"面板中的"添加/删除线段"按钮，添加或删除网格线（图 9.2.3）。

图 9.2.2 修改网格线定位

图 9.2.3 添加/删除网格线

9.2.3 添加幕墙竖梃

创建幕墙网格后，可以在网格线上放置竖梃。

单击"建筑"选项卡"构建"面板中的"竖梃"按钮。在"属性"选项板的类型选择器中，选择所需的竖梃类型。

在"修改｜放置 竖梃"上下文选项卡的"放置"面板上，选择下列工具之一：

1）网格线：单击绘图区域中的网格线时，此工具将跨整个网格线放置竖梃。

2）单段网格线：单击绘图区域中的网格线时，此工具将在单击的网格线的各段上放置竖梃。

3）所有网格线：单击绘图区域中的任何网格线时，此工具将在所有网格线上放置竖梃。

在绘图区域中单击，以便根据需要在网格线上放置竖梃。

9.2.4 控制水平竖梃和竖直竖梃之间的连接

在绘图区域中，选择竖梃。单击"修改｜幕墙竖梃"上下文选项卡"竖梃"面板中的"结合"或"打断"按钮。使用"结合"可在连接处延伸竖梃的端点，以便使竖梃显示为一个连续的竖梃（图 9.2.4）；使用"打断"可在连接处修剪竖梃的端点，以便将竖梃显示为单独的竖梃（图 9.2.5）。

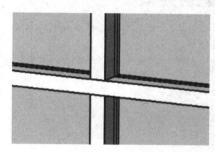

图 9.2.4 对横向竖梃进行"结合"

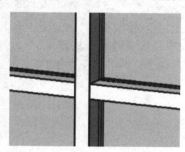

图 9.2.5 对横向竖梃进行"打断"

9.2.5　修改嵌板类型

打开一个可以看到幕墙嵌板的立面图。选择一个嵌板（选择嵌板的方法为：将光标移动到嵌板边缘处，并按 Tab 键多次，直到该嵌板高亮显示，单击选择），从"属性"选项板的类型选择器下拉列表中，选择合适的嵌板类型（图 9.2.6）。

图 9.2.7 是玻璃嵌板替换为墙体嵌板。

图 9.2.6　嵌板类型

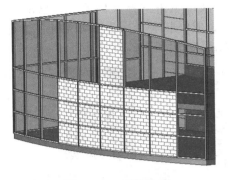

图 9.2.7　墙体嵌板

总　结

（1）幕墙的创建方法：单击"墙"按钮，在"属性"选项板中的类型选择器中选择"幕墙"，在"类型属性"对话框中设置"垂直网格""水平网格""垂直竖梃""水平竖梃"等，在"实例属性"中设置墙体底高和顶高等值。

（2）幕墙门窗的创建方法：修改、添加或删除幕墙竖梃、幕墙网格以形成幕墙门窗嵌板区域，选择该嵌板替换为幕墙门窗。

（3）幕墙竖梃的结合或打断：选择竖梃，单击"修改｜幕墙竖梃"上下文选项卡"竖梃"面板中的"结合"或"打断"按钮。使用"结合"可在连接处延伸竖梃的端点，以便使竖梃显示为一个连续的竖梃；使用"打断"可在连接处修剪竖梃的端点，以便将竖梃显示为单独的竖梃。

习题与能力提升

见"习题与能力提升视频资源库"中的习题视频资源 9。

任务 10　Revit 创建其他常用建筑构件

学习目标

(1)掌握教学楼工程中台阶、坡道、散水、旗帜、模型文字的创建方法。
(2)掌握螺旋坡道、自定义坡道的创建方法。
(3)掌握天花板的创建方法。
(4)掌握模型线的创建方法。

任务描述

序号	工作任务	任务驱动
1	创建教学楼工程中的台阶、坡道、散水、旗帜、模型文字	1. 使用楼板命令创建台阶； 2. 使用坡道、模型文字命令创建坡道、模型文字； 3. 使用内建模型创建散水； 4. 使用"放置构件"命令放置旗帜
2	创建螺旋坡道、自定义坡道	1. 使用"圆心-端点弧"命令创建螺旋坡道； 2. 对坡道进行编辑，修改坡度类型、坡道属性、扶手类型
3	创建天花板	1. 创建平天花板； 2. 创建斜天花板； 3. 修改天花板
4	创建模型线	设置工作平面创建模型线

任务的解决与相关技术

10.1　工作任务：创建"教学楼工程"台阶、坡道、散水、旗杆、模型文字

10.1.1　台阶

任务要求：

创建图 10.1.1 所示的台阶、坡道、散水等。

解决思路：

使用"内建模型"中的"放样"命令创建台阶："放样"包括"放样路径"和"放样轮廓"，放样轮廓即为台阶的截面轮廓。

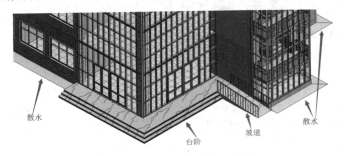

图 10.1.1　台阶、坡道、散水

教学楼案例：台阶、坡道、散水等

【说明】"内建模型"的创建属于"族"的创建，将在任务 11 中进行深化讲解。

操作步骤：

(1)进入到"F1"楼层平面视图。

(2)单击"建筑"选项卡"构建"面板"构件"下拉菜单中"内建模型"按钮(图 10.1.2)。在弹出的"族类别和族参数"对话框中选择"常规模型"，单击"确定"按钮。在弹出的"名称"对话框中输入"台阶"，单击"确定"按钮。

(3)单击"创建"选项卡"形状"面板中的"放样"按钮(图 10.1.3)，单击"修改 | 放样"上下文选项卡"放样"面板中的"绘制路径"按钮(图 10.1.4)，按照图 10.1.5 绘制放样路径，绘制完毕单击"完成编辑模式"按钮；此时"放样路径"绘制完毕，"放样"命令尚未结束。

图 10.1.2　"内建模型"工具　　图 10.1.3　"放样"工具　　图 10.1.4　"绘制路径"工具

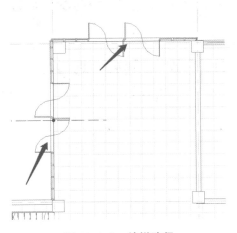

图 10.1.5　放样路径

单击"修改 | 放样"上下文选项卡"放样"面板中的"选择轮廓"按钮，再单击"编辑轮廓"按钮（图10.1.6），在弹出的"转到视图"对话框中单击"立面：南立面"，单击"打开视图"按钮。在出现的南立面视图中按照图10.1.7绘制放样轮廓（该轮廓为台阶的截面轮廓）。绘制完毕，单击"完成编辑模式"按钮，此时"放样轮廓"绘制完毕；再单击"完成编辑模式"按钮，此时"放样"命令结束；再单击"完成模型"按钮，此时"内建模型"命令结束，台阶创建完毕。

完成的台阶模型见"任务10\台阶完成.rvt"。

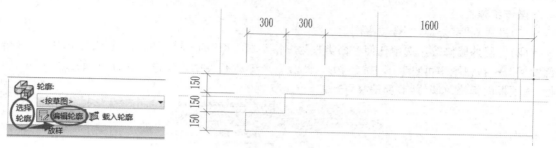

图 10.1.6　编辑轮廓　　　　　　　图 10.1.7　放样轮廓绘制

完成的项目文件见"任务10\台阶完成.rvt"。

10.1.2　坡道

解决思路：

使用"坡道"工具创建坡道：绘制坡道草图时，第一点为坡道的最低点，第二点为坡道的最高点；在任意位置创建坡道，再使用"移动"命令，将坡道移动到合适的位置。

操作步骤：

(1)进入到"室外场地"楼层平面视图。

(2)单击"建筑"选项卡"楼梯坡道"面板"坡道"按钮，在"属性"选项板设置底部标高"F1"、底部偏移"－450.0"、顶部标高"F1"、顶部偏移"0.0"，在台阶左侧空白处单击一点作为台阶起点，向右移动鼠标光标，坡道草图完全显示时单击第二点作为坡道终点(图10.1.8)；框选坡道草图，单击"修改"面板中的"移动"按钮或输入快捷键"MV"，移动坡道草图使坡道右下角点移动到图10.1.9所示的位置；单击"完成编辑模式"按钮，退出坡道创建命令。坡道创建完毕。

(3)完成的项目文件见"任务10\坡道完成.rvt"。

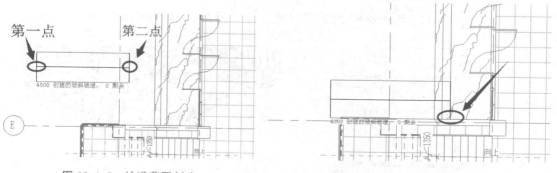

图 10.1.8　坡道草图创建　　　　　　图 10.1.9　移动坡道草图

10.1.3 一层外墙、柱优化

解决思路：

该部分操作的目的是使一层的柱和墙体底部标高到"－0.450"。选择一层的墙或柱，修改其实例属性使其底部至"室外地坪"；也可使用墙工具，重新绘制墙体。

操作步骤：

（1）进入到"室外地坪"楼层视图。

（2）一层外墙修改：选中任何一面类型为"外墙-真石漆"的外墙，单击鼠标右键选择"选择全部实例"→"在视图中可见"（图10.1.10），此时会选中所有类型为"外墙-真石漆"的图元；在"属性"选项板面板修改墙体"底部偏移"值为"－450"。

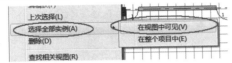

图 10.1.10 选择类型为"外墙-真石漆"的全部实例

（3）外墙补绘：注意位于西侧楼梯间的幕墙未落地，需要补充绘制墙体。进入到"室外地坪"楼层平面视图（图10.1.11），单击"建筑"选项卡"构建"面板"墙"下拉列表"墙：建筑"按钮，在"属性"选项板，墙体类型选择"外墙-真石漆"、定位线选择"核心层中心线"、底部限制条件选择"室外地坪"、底部偏移为"0"、顶部约束为"直到标高：F1"、顶部偏移为"0"（图10.1.12），顺序点击 A、B、C、D 四个点（图10.1.13），创建完成的外墙如图10.1.14所示。

图 10.1.11 "室外地坪"楼层平面视图　　　图 10.1.12 墙体属性设置

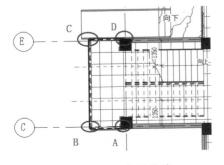

图 10.1.13 补绘外墙

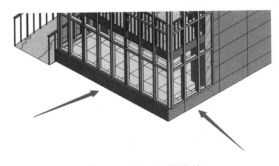

图 10.1.14 外墙补绘

(4)一层柱修改：进入到"F1"楼层平面视图，选择任一根柱，单击鼠标右键选择"选择全部实例"→"在视图中可见"，在"属性"选项板修改柱的底部偏移值为"−450"。

(5)完成的项目文件见"任务 10\一层外墙、柱优化完成.rvt"。

10.1.4 散水

解决思路：

同台阶创建，使用"内建模型"中的"放样"命令创建散水；放样包括"放样路径"和"放样轮廓"，放样轮廓即为散水的截面轮廓。

操作步骤：

(1)进入到"室外地坪"楼层平面视图。

(2)单击"建筑"选项卡"构建"面板"构件"下拉菜单中的"内建模型"按钮。在弹出的"族类别和族参数"对话框中选择"常规模型"，单击"确定"按钮。在弹出的"名称"对话框中输入"散水"，单击"确定"按钮。

(3)单击"创建"选项卡"形状"面板"放样"按钮，单击"修改│放样"上下文选项卡"放样"面板中的"绘制路径"按钮，按照图 10.1.15 沿建筑物外围绘制放样路径，绘制完毕单击"完成编辑模式"按钮。此时"放样路径"绘制完毕，"放样"命令尚未结束。

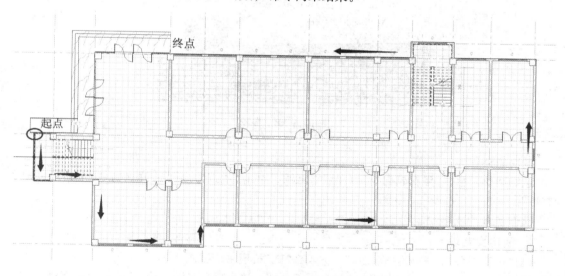

图 10.1.15　放样路径

(4)单击"修改│放样"上下文选项卡"放样"面板中的"选择轮廓"按钮，再单击"编辑轮廓"按钮(图 10.1.16)，在弹出的"转到视图"对话框中单击"立面：北立面"，单击"打开视图"按钮。在出现北立面视图中按照图 10.1.17 绘制放样轮廓(该放样轮廓为三角形，两个直角边长度分别为50 mm、900 mm，底部坐落在"室外地坪"标高上。该轮廓即为散水的截面轮廓)。绘制完毕，单击"完成编辑模式"按钮，此时"放样轮廓"绘制完毕；再单击"完成编辑模式"按钮，此时"放样"命令结束；再单击"完成模型"，此时"内建模型"命令结束，散水创建完毕。

完成的散水模型见"任务 10\散水完成.rvt"。

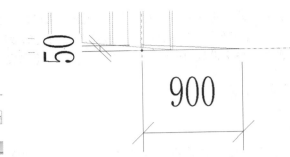

图 10.1.16　编辑轮廓　　　　　图 10.1.17　放样轮廓绘制

10.1.5　屋面优化

任务要求：

按照图 10.1.18 进行屋顶修改。

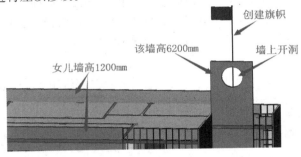

图 10.1.18　屋顶

解决思路：

选择墙体，单击"编辑轮廓"可以在墙上开洞。单击"建筑"选项卡"放置构件"按钮可以放置"旗帜"。

操作步骤：

1. 创建女儿墙

(1)打开"任务 10\散水完成 .rvt"，进入到"F5"楼层平面视图。

(2)创建 1 200 mm 高女儿墙：选择任一面外墙，单击鼠标右键，选择"选择全部实例"→"在视图中可见"。修改"属性"选项板中的"顶部偏移"为"1 200"(图 10.1.19)。

选择西侧楼梯间Ｅ轴墙体，修改"顶部偏移"为"6 200"(图 10.1.20)。

图 10.1.19　顶部偏移修改

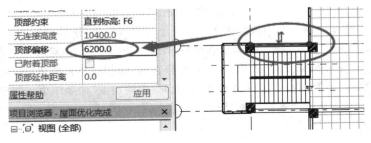

图 10.1.20　顶部偏移 6 200 mm

2. 墙体开洞

进入到北立面视图，单击"建筑"选项卡"工作平面"面板中的"参照平面"按钮或输入快捷键"RP"，按照图 10.1.21 在墙体上部位置绘制两个参照平面。选择该墙，单击"修改|墙"上下文选项卡"模式"面板中的"编辑轮廓"；单击"绘制"面板中的"圆形"按钮（图 10.1.22），按照图 10.1.23 单击两个参照平面的交点作为圆心，绘制半径 1 000 mm 的圆；单击"模式"面板中的"完成编辑模式"按钮。

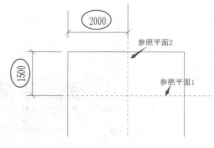

图 10.1.21　参照平面

图 10.1.22　绘制圆形

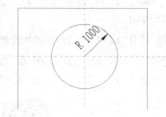

图 10.1.23　绘制半径 1 000 mm 的圆

3. 屋顶旗杆创建

进入到"F6"楼层平面视图。单击"建筑"选项卡"构建"面板"构件"下拉列表中的"放置构件"按钮（图 10.1.24）。在"属性"选项板类型选择器中选择"旗帜"，在Ⓔ轴墙体处放置旗帜；按 ESC 键退出放置构件命令，选择旗帜，按照图 10.1.25 修改旗帜平面位置。旗帜创建完成。

图 10.1.24　"放置构件"工具　　　　　　　图 10.1.25　修改旗帜平面位置

完成的项目文件见"任务 10\屋顶优化完成 . rvt"。

10.1.6　模型文字

解决思路：

先通过"工作平面"面板中的"设置"工具，设置工作平面；在工作平面上，使用"模型文字"工具创建模型文字。

操作步骤：

(1)打开"任务 10\屋顶优化完成 . rvt"。进入到 F1 楼层平面视图。

(2)单击"建筑"选项卡"工作平面"面板中的"设置"按钮（图 10.1.26），在弹出的"工作平面"对话框中选择"拾取一个平面"，单击"确定"按钮（图 10.1.27）。

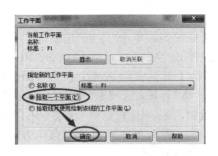

图 10.1.26 "设置"工具　　　　　　图 10.1.27 拾取一个平面

　　(3)移动光标在Ⓕ轴外墙的外面层上单击,在弹出的"转到视图"对话框中选择"立面:北立面",单击"打开视图"按钮。

　　(4)单击"建筑"选项卡"模型"面板中的"模型文字"按钮(图 10.1.28),在弹出的"编辑文字"对话框中输入"×××大学教学楼 C 楼",单击"确定"后跟随光标出现文字的预览图形,移动光标到女儿墙上单击即可放置文字。结果如图 10.1.29 所示。

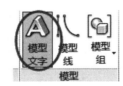

图 10.1.28 "模型文字"工具

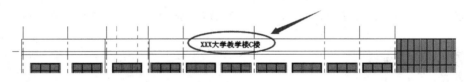

图 10.1.29 模型文字

完成的项目文件见"任务 10\模型文字完成.rvt"。

10.2　相关技术:创建坡道

10.2.1　直坡道

(1)打开平面视图或三维视图。

(2)单击"建筑"选项卡"楼梯坡道"面板中"坡道"按钮,进入草图绘制模式。

(3)在"属性"选项板中修改坡道属性。

(4)单击"修改|创建坡道草图"上下文选项卡"绘制"面板中的"梯段"按钮,默认值是通过"直线"命令,绘制"梯段"。

坡道、天花板、模型线

(5)将鼠标光标放置在绘图区域中，并拖曳光标绘制坡道梯段。

(6)单击"完成编辑模式"按钮。

创建的坡道样例如图10.2.1所示。

【提示】

(1)绘制坡道前，可先绘制"参考平面"对坡道的起跑位直线、休息平台位置、坡道宽度位置等进行定位。

(2)可将坡道"属性"选项板中的"顶部标高"设置为当前的标高，并将"顶部偏移"设置为坡道的高度。

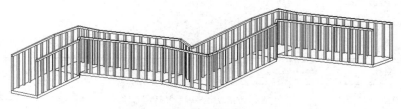

图 10.2.1　创建的坡道

10.2.2　螺旋坡道与自定义坡道

(1)单击"建筑"选项卡"楼梯坡道"面板中的"坡道"按钮，进入草图绘制模式。

(2)在"属性"选项板中修改坡道属性。

(3)单击"修改｜创建坡道草图"上下文选项卡下"绘制"面板中的"梯段"按钮，再单击"圆心-端点弧"按钮，绘制"梯段"(图10.2.2)。

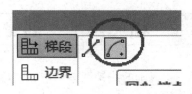

图 10.2.2　圆心-端点弧绘制工具

(4)在绘图区域，根据状态栏提示绘制弧形坡道。

(5)单击"完成编辑模式"按钮。

10.3　相关技术：创建天花板

创建天花板是在其所在标高以上指定距离处进行的。例如，如果在F1上创建天花板，则可将天花板放置在F1上方3 m的位置。可以使用天花板类型属性指定该偏移量。

1. 创建平天花板

(1)打开天花板平面视图。

(2)单击"建筑"选项卡"构建"面板中的"天花板"按钮。

(3)在"属性"选项板类型选择器中，选择一种天花板类型。

(4)可使用两种命令放置天花板——"自动创建天花板"或"绘制天花板"。

默认情况下,"自动创建天花板"工具处于活动状态。在单击构成闭合环的内墙时,该工具会在这些边界内部放置一个天花板,而忽略房间分隔线。

2. 创建斜天花板

可使用下列方法之一创建斜天花板:

(1)在绘制或编辑天花板边界时,绘制坡度箭头。

(2)为平行的天花板绘制线指定"相对基准的偏移"属性值。

(3)为单条天花板绘制线指定"定义坡度"和"坡度"属性值。

3. 修改天花板

修改天花板的目标及操作见表 10.3.1。

表 10.3.1　修改天花板

目标	操作
修改天花板类型	选择天花板,然后在"属性"选项板类型选择器中选择另一种天花板类型
修改天花板边界	选择天花板,单击"编辑边界"
将天花板倾斜	见"创建斜天花板"
向天花板应用材质和表面填充图案	选择天花板,单击"属性"选项板"编辑类型"按钮,在"类型属性"对话框中,对"结构"进行编辑
移动天花板网格	常采用"对齐"命令对天花板进行移动

10.4　相关技术:创建模型线

对一些需要在所有平立剖视图中显示的线条图案,可以使用功能区"建筑"选项卡"模型"面板中的"模型线"工具绘制或拾取创建。

"模型线"的创建步骤同"模型文字",也应先单击"建筑"选项卡"工作平面"面板中的"设置",设置模型线所在的工作平面后,再进行创建。

可采用直线、矩形、圆、弧、椭圆、椭圆弧、样条曲线等方式创建模型线。

"模型线"的编辑方法也非常简单,选择模型线后,可以用鼠标光标拖拽端点控制柄或修改临时尺寸的方式改变模型线的长度、位置等,也可以用移动、复制、镜像、阵列等各种编辑方法任意编辑。

　　(1)台阶和散水的创建方法：使用"内建模型"创建此类异形构件。单击"建筑"选项卡"构建"面板"构件"下拉列表中的"内建模型"按钮，进入到内建族的创建命令中。

　　(2)坡道的创建方法：单击"建筑"选项卡"楼梯坡道"面板中的"坡道"按钮，设置"底部标高""底部偏移""顶部标高""顶部偏移"等参数，在绘图区域进行创建。

　　(3)模型文字的创建方法：单击"建筑"选项卡"模型"面板中的"模型文字"按钮，在弹出的"编辑文字"对话框中输入需创建的文字，单击"确定"按钮放置文字。

　　(4)天花板的创建方法：单击"建筑"选项卡下"构建"面板中的"天花板"按钮，在"属性"选项卡类型选择器中，选择一种天花板类型；可使用两种命令放置天花板——"自动创建天花板"或"绘制天花板"，默认情况下，"自动创建天花板"工具处于活动状态，在单击构成闭合环的内墙时，该工具会在这些边界内部放置一个天花板，而忽略房间分隔线。

　　(5)模型线的创建方法：单击"建筑"选项卡"模型"面板中的"模型线"按钮绘制或拾取创建。

习题与能力提升

　　见"习题与能力提升视频资源库"中的习题视频资源10。

任务 11　Revit 创建族以及族的参数化

学习目标

(1)掌握系统族的概念及创建、编辑方法。
(2)掌握标准构建族的创建方法。
(3)掌握内建族的创建方法。
(4)掌握参数化族的创建方法。

任务描述

序号	工作任务	任务驱动
1	查看系统族，并进行系统族传递	1. 对系统族进行查看； 2. 对系统族进行创建和修改； 3. 对系统族进行删除； 4. 系统族在不同项目之间进行传递
2	创建标准构建族	1. 载入标准构件族； 2. 使用实心或空心的拉伸、旋转、放样、融合等工具创建标准构件族
3	创建内建族	创建古城墙内建族
4	创建参数化门族	1. 新建族文件； 2. 使用参照平面命令，确定门的高度、宽度以及门框、门扇尺寸位置，添加尺寸参数和材质参数； 3. 使用拉伸、融合等族命令创建实体模型，并关联尺寸参数、材质参数； 4. 完成族进行族测试和族应用
5	创建参数化窗族	1. 新建族文件； 2. 使用参照平面命令，确定窗的高度、宽度以及窗框等位置，添加尺寸参数和材质参数； 3. 使用拉伸、融合等族命令创建实体模型，并关联尺寸参数、材质参数； 4. 完成族进行族测试和族应用

任务的解决与相关技术

族是一个包含通用属性(称为参数)集和相关图形表示的图元组，所有添加到 Revit 项目中的图元都是使用族来创建的。这些图元包括构成建筑模型的结构构件、墙、屋顶、窗、门等，也包括用于记录模型的详图索引、装置、标记和详图构件。

在 Revit 中，有系统族、标准构件族、内建族三种族。

11.1　工作任务：掌握系统族的概念、编辑与传递

11.1.1　系统族的概念

系统族包含基本建筑图元，如墙、屋顶、天花板、楼板及其他要在施工场地使用的图元，也包括标高、轴网、图纸和视口类型的项目和系统设置。

系统族已在 Revit Architecture 中预定义且保存在样板和项目中，系统族中至少应包含一个系统族类型，除此之外的其他系统族类型都可以删除。

可以在项目和样板之间复制和粘贴或传递系统族类型。

系统族

11.1.2　系统族的查看

在项目浏览器中，展开"族"，可以查看到所有的族。展开"墙"可以看到"墙"族有三个系统族，分别为"叠层墙""基本墙"和"幕墙"（图 11.1.1）。

【小贴士】项目浏览器中的"族"包含所有族，有系统族、标准构件族和内建族。

11.1.3　系统族类型的创建和修改

系统族类型的创建和修改在前面的章节已经讲解，以"墙"族为例，单击"属性"选项板中的"编辑类型"按钮，复制新的墙体类型进行修改和创建。

11.1.4　系统族的删除

不能删除系统族，但可以删除系统族中包含的某一种系统族类型。删除系统族类型有以下两种方法：

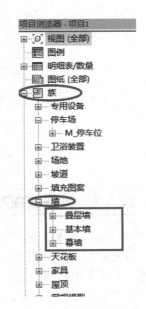

图 11.1.1　系统族的查看

（1）在项目浏览器中删除族类型。展开项目浏览器中的"族"，选择包含要删除的类型的类别和族，单击鼠标右键，在弹出的快捷菜单中选择"删除"命令，或按 Delete 键，删除某一种系统族类型。

【小贴士】若要删除的这种族类型在项目中具有实例，则将会弹出一个"警告"对话框。单击"确定"按钮，则既删除该族类型下已经创建的实例，也删除该族类型（图 11.1.2）。

（2）使用"清除未使用项"命令。

1）单击"管理"选项卡"设置"面板中的"清

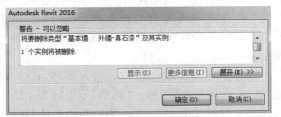

图 11.1.2　删除警告

除未使用项"按钮，弹出"清除未使用项"对话框。该对话框中列出了所有可从项目中删除的族和族类型，包括标准构件和内建族。

2）选择需要清除的类型，单击"放弃全部"按钮，再勾选要清除的族类型，然后单击"确定"按钮（图 11.1.3）。

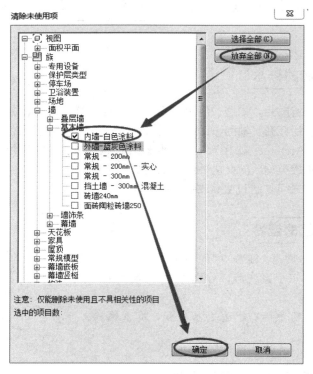

图 11.1.3　清除未使用项

11.1.5　系统族在不同项目之间的传递

（1）复制系统族类型。

1）双击"Revit"程序图标，基于"任务 1\样板文件，rte"新建一个项目文件，命名为"项目 1"。

2）单击应用程序按钮，基于系统自带的"建筑样板"新建另一个项目文件，命名为"项目 2"。

3）单击"视图"选项卡"窗口"面板中的"平铺"按钮。将项目 1 和项目 2 窗口平铺。

4）单击项目 1 视图窗口，进入到项目 1。在项目浏览器"族"中选择要复制的族类型，如"内墙-白色涂料"族类型，单击"修改"选项卡"剪贴板"面板中的"复制到剪贴板"按钮（图 11.1.4）。

5）单击项目 2 视图窗口，进入到项目 2。单击"修改"选项卡"剪贴板"面板中"粘贴"下拉列表中的"从剪贴板中粘贴"按钮（图 11.1.5）。"内墙-白色涂料"族类型会

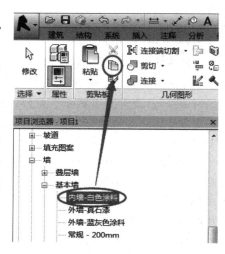

图 11.1.4　复制族类型

从项目 1 复制到项目 2。

（2）传递系统族类型。

1）同"复制系统族类型"，基于"任务 1\样板文件 . rte"新建一个项目文件，基于系统自带的"建筑样板"新建另一个项目文件。

2）把项目 1 中的系统族类型传递到项目 2，单击项目 2 视图窗口，进入到项目 2。单击"管理"选项卡"设置"面板中的"传递项目标准"按钮，在弹出的"选择要复制的项目"对话框中勾选要复制的内容，单击"确定"按钮（图 11.1.6）。

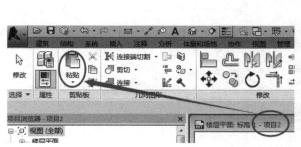

图 11.1.5　粘贴族类型

图 11.1.6　项目标准的传递

11.2　工作任务：掌握标准构件族的概念及创建

11.2.1　标准构件族的概念

标准构件族是用于创建建筑构件和一些注释图元的族。标准构件族包括在建筑内和建筑周围安装的建筑构件（如窗、门、橱柜、装置、家具和植物），也包括一些常规自定义的注释图元（如符号和标题栏）。

标准构件族具有高度可自定义的特征，是在外部". rfa"文件中创建的，可导入或载入到项目中。

标准构件族

11.2.2　标准构件族的使用

单击"插入"选项卡"从库中载入"面板中的"载入族"按钮。弹出"载入族"对话框，自动定位到标准构件族所在文件夹"C：\ProgramData\Autodesk\RVT2016\Libraries\China"（图 11.2.1）。

【小贴士】在"选项"对话框"文件位置"选项卡（该位置详如图 1.2.2 设置完成的样板文件位置）中，单击"放置"按钮，可以设置"标准构件族"文件夹的默认路径，如图 11.2.2 所示。

图 11.2.1　标准构件族所在位置

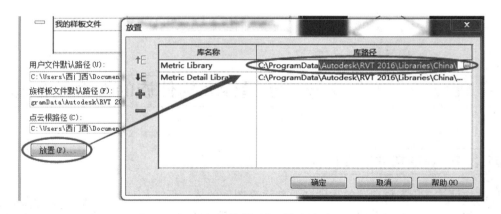

图 11.2.2　"标准构件族"文件夹的默认路径

在项目浏览器"族"中的某一族类型上单击鼠标右键（图 11.2.3），选择"创建实例"。可在项目中创建该实例。

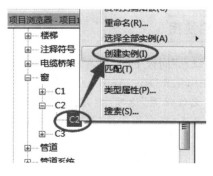

图 11.2.3　创建实例

11.2.3 标准构件族的创建

1. 新建族文件

与新建一个"项目文件"相同，也需要基于某一样板文件才能新建一个"族文件"。

双击 Revit 图标，打开 Revit 进入到图 1.1.1 启动 Revit 的主界面。

单击"族"下方的"新建"，弹出"新族-选择样板文件"对话框（图 11.2.4）。选择一个族样板，如"公制常规模型"，单击"打开"按钮。

【小贴士】在"选项"对话框"文件位置"选项卡"族样板文件默认路径"中，设置族样板文件的默认路径。

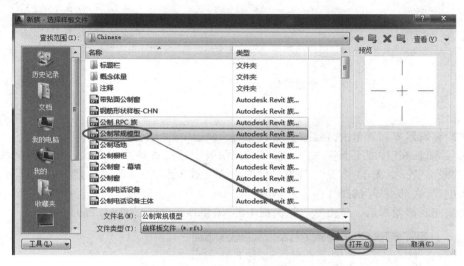

图 11.2.4 族样板文件

【小贴士】Revit 的样板文件分为标题栏、概念体量、注释、构件 4 大类。其中第 1 类，标题栏：用于创建自定义的标题栏族。第 2 类，概念体量：用于创建概念体量族。第 3 类，注释：用于创建门窗标记、详图索引标头等注释图元族。第 4 类，构件：除前 3 类之外的其他族样板文件都用于创建各种模型构件和详图构件族，其中"基于 * . rft"是基于某一主体的族样板，这些主体可以是墙、楼板、屋顶、天花板、面、线等；"公制 * . rft"样板文件都是没有"主体"的构件族样板文件，如"公制窗 . rft""公制门 . rft"属于自带墙主体的常规构件族样板。

2. 族创建的一般方法

在前述操作中进入到的是"族编辑器"，"创建"选项卡"形状"面板可以创建实心模型和空心模型，其中"拉伸""融合""旋转""放样""放样融合"工具是实心建模工具，"空心拉伸""空心融合""空心旋转""空心放样""空心放样融合"工具是空心建模方法（图 11.2.5）。

（1）拉伸。

1）在族编辑器界面，单击"创建"选项卡"形状"面板中的"拉伸"按钮。

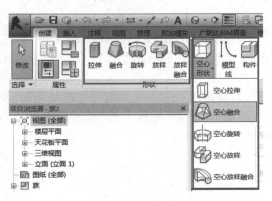

图 11.2.5 族建模工具

2)在"参照标高"楼层平面视图中，在"绘制"面板选择一种绘制方式，在绘图区域绘制想要创建的拉伸轮廓。

3)在"属性"选项板中设置好拉伸的起点和终点。

4)在"模式"面板单击"完成编辑模式"按钮，完成创建（图 11.2.6）。创建完成的模型如图 11.2.7。

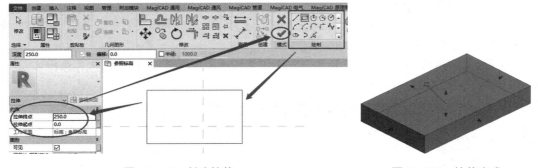

图 11.2.6　创建拉伸　　　　　　　　　　图 11.2.7　拉伸完成

（2）融合。

1)在族编辑器界面，单击"创建"选项卡"形状"面板中的"融合"按钮。

2)在"参照标高"楼层平面视图中，在"绘制"面板中选择一种绘制方式，在绘图区域绘制想要创建的"底部"轮廓（图 11.2.8）。注意到此时上下文选项卡为"修改｜创建融合底部边界"，即此时是在创建"底部边界"的操作中。

3)绘制完底部轮廓后，单击"模式"面板中的"编辑顶部"按钮（图 11.2.9）。

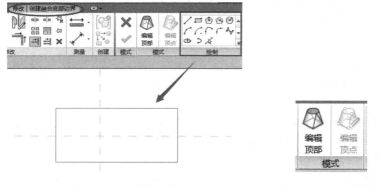

图 11.2.8　底部轮廓　　　　　　　　图 11.2.9　编辑顶部

4)在"绘制"面板中选择一种绘制方式，在绘图区域绘制想要创建的"顶部"轮廓（图 11.2.10）。注意到此时上下文选项卡为"修改｜创建融合顶部边界"，即此时是在创建"顶部边界"的操作中。

5)在"属性"选项板里设置好底部和顶部的高度，即"第一端点"值和"第二端点"值。

6)单击"模式"面板中的"完成编辑模式"按钮，完成融合的创建。创建完成的模型如图 11.2.11 所示。

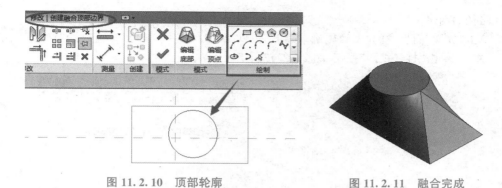

图 11.2.10　顶部轮廓　　　　　　　图 11.2.11　融合完成

（3）旋转。

1）在族编辑器界面，单击"创建"选项卡"形状"面板中的"旋转"按钮。

2）在"参照标高"楼层平面视图中，在"绘制"面板中默认值的绘制方式为"边界线"，选择一种绘制方式，在绘图区域绘制旋转轮廓的边界线（图 11.2.12）。

3）在"绘制"面板，单击"轴线"按钮，再选择"直线"绘制方式，在绘图区域绘制旋转轴线（图 11.2.13）。

4）在"属性"选项板设置旋转的起始和结束角度。

5）单击"模式"面板中的"完成编辑模式"按钮，完成旋转的创建。创建完成的模型如图 11.2.14 所示。

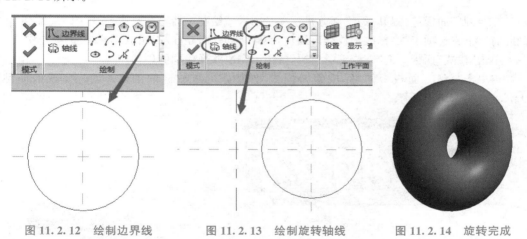

图 11.2.12　绘制边界线　　　图 11.2.13　绘制旋转轴线　　　图 11.2.14　旋转完成

（4）放样。

1）在族编辑器界面，单击"创建"选项卡"形状"面板中的"放样"按钮。

2）在"参照标高"楼层平面视图中，单击"放样"面板中的"绘制路径"或"拾取路径"按钮。若选择"绘制路径"，则在"绘制"面板选择一种绘制方式，在绘图区域绘制放样路径（图 11.2.15）。注意到此时上下文选项卡为"修改｜放样＞绘制路径"，即此时是在"绘制放样路径"的操作中。

3）单击"模式"面板中的"完成编辑模式"按钮，完

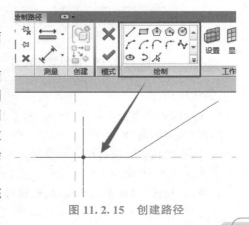

图 11.2.15　创建路径

成放样路径的创建。

4)单击"放样"面板中的"编辑轮廓"按钮（图11.2.16），在弹出的"转到视图"对话框中选择"立面：左"，单击"打开视图"按钮（图11.2.17）。

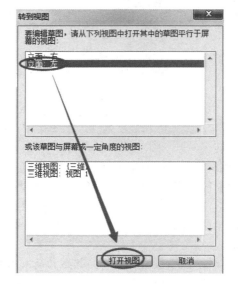

图 11.2.16　编辑轮廓　　　　　　　　　　图 11.2.17　转到视图

5)在"绘制"面板选择相应的绘制方式，在绘图区域绘制旋转轮廓的边界线（图11.2.18），注意到此时上下文选项卡为"修改｜放样＞编辑轮廓"，即此时是在"编辑放样轮廓"的操作中。

6)单击"模式"面板中的"完成编辑模式"按钮，完成放样轮廓的创建。

7)再单击"模式"面板中的"完成编辑模式"按钮，完成放样的创建。创建完成的模型如图11.2.19所示。

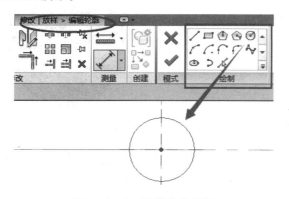

图 11.2.18　编辑放样轮廓　　　　　　　　图 11.2.19　放样模型

(5)放样融合。

1)在族编辑器界面，单击"创建"选项卡"形状"面板中的"放样融合"按钮。

2)在"参照标高"楼层平面视图中，单击"放样融合"面板中的"绘制路径"按钮。若选择"绘制路径"，则在"绘制"面板选择一种绘制方式，在绘图区域绘制放样路径（图11.2.20）。注意到此时上下文选项卡为"修改｜放样融合＞绘制路径"，即此时是在"绘制放样融合路径"的操作中。

3)单击"模式"面板中的"完成编辑模式"按钮，完成放样融合路径的创建。

4)单击"放样融合"面板中的"选择轮廓1"按钮，并单击"编辑轮廓"按钮。在弹出的"转到视图"对话框中选择"三维视图：{三维}"，再单击"打开视图"按钮(图11.2.21)，进入到编辑轮廓1的草图模式。

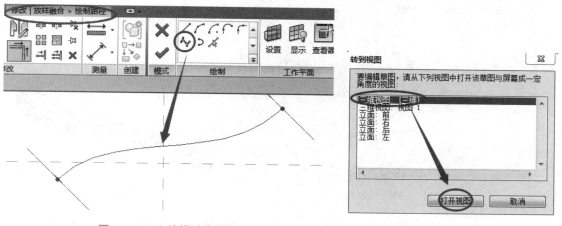

图11.2.20　放样融合路径

图11.2.21　转到视图

5)在"绘制"面板选择相应的一种绘制方式，在绘图区域绘制轮廓1的边界线。注意：绘制轮廓是所在的视图可以是三维视图，可以打开"工作平面"中的"查看器"进行轮廓绘制(图11.2.22)。

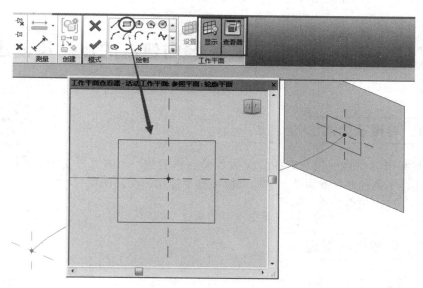

图11.2.22　绘制轮廓1

6)单击"模式"面板中的"完成编辑模式"按钮，完成轮廓1的创建。

7)单击"放样融合"面板中的"选择轮廓2"按钮，并单击"编辑轮廓"按钮。同轮廓1的绘制方式，绘制轮廓2(图11.2.23)。

8)单击"模式"面板中的"完成编辑模式"，完成轮廓2的创建。

9)再单击"模式"面板中的"完成编辑模式"按钮，完成放样融合的创建。创建完成的模型如图11.2.24所示。

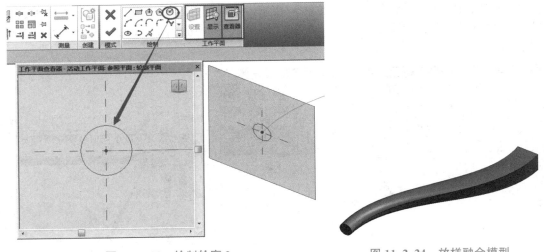

图 11.2.23　绘制轮廓 2　　　　　　　　　图 11.2.24　放样融合模型

（6）空心形状。空心形状的创建基本方法同实心形状的创建方式相同。空心形状用于剪切实心形状，得到想要的形体。

【小贴士】通过以上工具，可以创建"族"模型。当一个几何图形比较复杂时，用上述某一种创建方法可能无法一次创建完成，需要使用几个实心形状"合并"，或再和几个空心形状"剪切"后才能完成。"合并"和"剪切"工具位于"修改"选项卡"几何图形"面板。

11.3　　　工作任务：掌握内建族的概念及创建

11.3.1　内建族的概念

内建族

内建族是在当前项目中为专有的特殊构件所创建的族，不需要重复利用。一些通用性不高的非标准构件，只在当前项目中使用，在其他项目中很少使用的构件，可以用内建族。

11.3.2　内建族的创建

内建族的创建方法同标准构件族，不同之处是：内建族是在项目文件中，使用"建筑"选项卡"构件"面板"构件"工具下的"内建模型"工具创建，创建时不需要选择族样板文件，只要在"族类别和族参数"对话框中选择一个"族类别"（图 11.3.1）。

11.3.3　内建族创建实例

任务要求：

按照图 11.3.2 创建古城墙内建族。

图 11.3.1　"内建模型"工具

解决思路：

做古城墙的截面轮廓进行拉伸，在另一个立面做空心拉伸剪切出孔洞。

操作步骤：

(1)新建墙类别。

1)新建一个项目文件，在F1平面视图中，单击"建筑"选项卡"构建"面板中"构件"下拉列表中的"内建模型"按钮。

2)在弹出的"族类别与族参数"对话框中，选择族类别为"墙"单击"确定"按钮。在弹出的"名称"对话框中输入"古城墙"为墙体名称，单击"确定"按钮打开族编辑器。

(2)绘制定位线。单击"创建"选项卡"基准"面板中的"参照平面"按钮，在"标高1"楼层平面的绘图区域绘制一条水平和垂直的参照平面(图11.3.3)。

图11.3.2　古城墙　　　　　　　图11.3.3　参照平面

(3)"拉伸"工具创建墙体。

1)单击"创建"选项卡"形状"面板中的"拉伸"按钮，切换至"修改 | 创建拉伸"上下文选项卡。

2)设置工作平面：按照图11.3.4，单击"工作平面"面板中的"设置"按钮；在"工作平面"对话框中勾选"拾取一个平面"，单击"确定"按钮；移动鼠标光标单击拾取"竖直"的参照平面；在弹出的"转到视图"对话框中选择"立面：东"，单击"打开视图"按钮进入东立面视图。

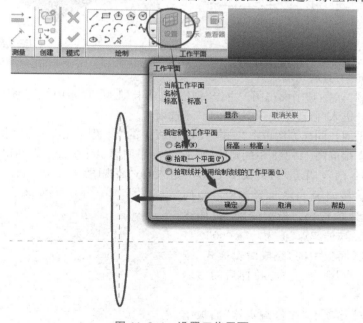

图11.3.4　设置工作平面

【小贴士】城墙的拉伸轮廓需要到立面视图中绘制，所以需要先选择一个立面作为绘制轮廓线的工作平面。

3）绘制轮廓：在"绘制"面板中单击"线"按钮，以参照平面为中心按图 11.3.5 所示尺寸绘制封闭的城墙轮廓线。

4）拉伸属性设置：在"属性"选项板中，设置参数"拉伸终点"值为 10 000 mm，"拉伸起点"值为"－10 000"（即：城墙总长 20 m，从中心向两边各拉伸 10 m）。单击参数"材质"的值"按类别"右侧的"浏览"按钮，弹出"材质浏览器"对话框，选择"砌体-普通砖 75×225 mm"，单击"确定"按钮（图 11.3.6）。

5）单击"模式"面板中的"完成编辑模式"按钮，完成"拉伸"命令。初步创建的城墙模型图 11.3.7 所示。

【小贴士】此时是"拉伸"命令完成，内建模型并未完成，尚在族编辑器界面中。

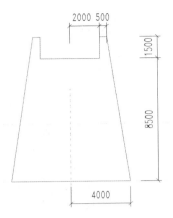

图 11.3.5　城墙轮廓线

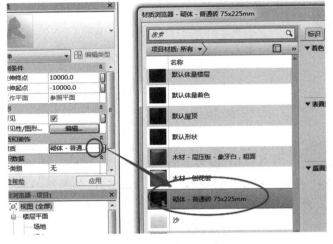

图 11.3.6　材质属性

图 11.3.7　初步创建的城墙模型

（4）"空心拉伸"工具剪切墙垛。

1）切换窗口到"标高 1"平面视图。单击"创建"选项卡"形状"面板中"空心形状"下拉列表中的"空心拉伸"按钮，进入"修改│创建空心拉伸"子选项卡。

2）设置工作平面：同样方法单击"工作平面"面板中的"设置"按钮，勾选"拾取一个平面"并单击"确定"按钮，拾取图 11.3.3 中创建的"水平"参照平面为工作平面，在弹出的"转到视图"对话框中选择"立面：南"，单击"打开视图"按钮。进入南立面视图。

3）绘制轮廓：按照图 11.3.8 绘制空心拉伸轮廓。在"属性"选项板中，设置参数"拉伸终点"值为"4 000"，"拉伸起点"值为"－4 000"。

4）单击"模式"面板中的"完成编辑模式"按钮，完成"空心拉伸"命令。空心拉伸后的城墙模型如图 11.3.2。

5）单击"修改"选项卡"在位编辑器"面板中的"完成模型"按钮，关闭族编辑器。回到项目

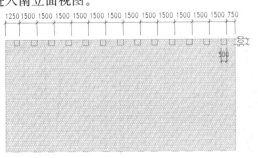

图 11.3.8　空心拉伸轮廓

文件中，古城墙创建完毕。

完成的项目文件见"任务11\内建族-完成.rvt"。

11.4　　工作任务：掌握参数化窗族的创建

基于"公制窗"样板文件创建参数化窗族。

1. 新建族文件

进入 Revit 软件，单击族栏目中的"新建"项目，双击"公制窗"样板，进入族编辑界面，如图 11.4.1 所示。

参数化窗族

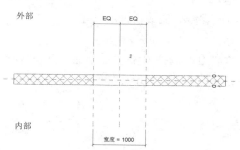

图 11.4.1　公制窗样板

2. 添加参数

单击"创建"选项卡"属性"面板中的"族类型"按钮，按照图 11.4.2，在弹出的"族类型"对话框中单击右侧"参数"选项组中的"添加"按钮，添加三个"材质"类型的参数："窗框材质""窗扇框材质"和"窗玻璃材质"；添加"长度"类型的尺寸参数："窗框宽度""窗框厚度""窗扇框宽度""窗扇框厚度"；设置公式："粗略宽度"="宽度"，"粗略高度"="高度"，并设置初始尺寸："窗框厚度"="50"，"窗扇框宽度"="50"，"窗框厚度"="200"，"窗框宽度"="50"。

3. 创建窗框模型

转到"外部"立面，在高度和宽度各向添加两个参照平面，关联窗框宽度参数；连续两次使用矩形"拉伸"命令，出现的锁头均锁住，如图 11.4.3 所示。

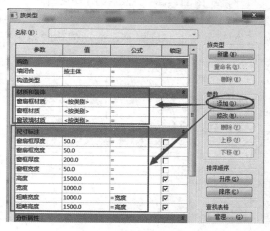

图 11.4.2　设置完成的创族参数

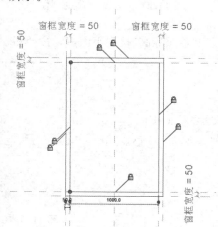

图 11.4.3　创建窗框

转到"参照标高"楼层平面视图，与参数化窗族类似，创建两条参照平面，添加尺寸并关联"窗框厚度"参数，并将窗框上下两个面与参照平面锁定，如图 11.4.4 所示。

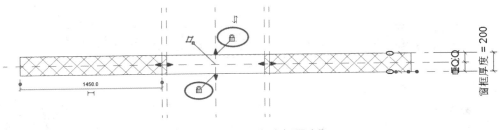

图 11.4.4　关联"窗框厚度"

选中窗框，关联"窗框材质"参数。完成窗框的创建。

4. 创建窗扇模型

转到"外部"立面视图，按照图 11.4.5 创建参照平面，添加"窗扇框宽度"标签，使用"拉伸"命令完成左侧窗扇框创建。完成后的左侧窗扇框如图 11.4.6 所示。

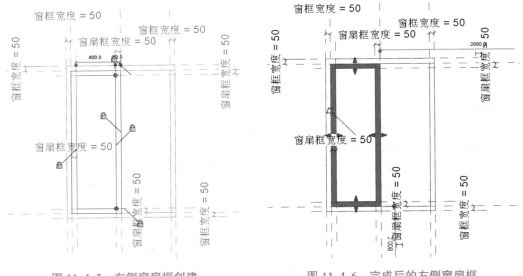

图 11.4.5　左侧窗扇框创建　　　　图 11.4.6　完成后的左侧窗扇框

回到"参照标高"楼层平面中，按照图 11.4.7 创建窗扇框厚度标签，拖动创建的窗扇框进行锁定。

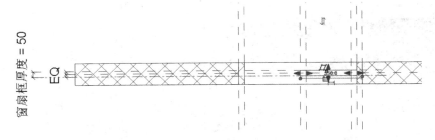

图 11.4.7　窗扇框厚度参数关联

采取同样的方法，完成另一侧窗扇模型的创建，拉伸边界线如图11.4.8所示，并进行窗扇框厚度参数关联。

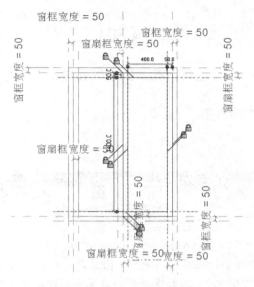

图 11.4.8　完成后的窗扇框

选中窗扇框，关联"窗扇框材质"参数。完成窗扇框的创建。

5. 窗玻璃

创建方法与创建窗扇框类似，此处设置墙厚度中心线为工作平面，在工作平面内执行"拉伸"命令，在"属性"选项板中设置拉伸终点为2.5 mm，拉伸起点为−2.5 mm，如图11.4.9所示（即，玻璃厚度为固定数值5 mm，此处对于玻璃厚度不再有参数化要求）。

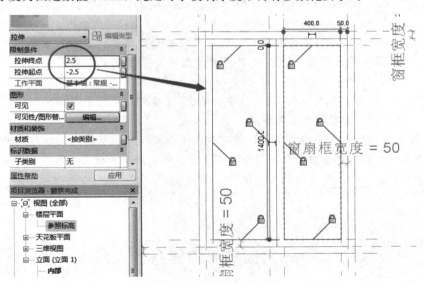

图 11.4.9　窗玻璃拉伸边界线

选中玻璃，关联"窗玻璃材质"参数。完成窗玻璃的创建。

6. 测试族

完成模型后，打开"族类型"对话框，修改各参数值，测试窗的变化，检验窗模型是否正确。图 11.4.10 是"窗框材质"为"白蜡木"、"窗扇框材质"为"红木"、"窗玻璃材质"为"玻璃"下的显示。

7. 参数化窗族应用

新建一个 Revit 项目文件，创建墙，载入新创建的门族，进行放置。

完成的文件见"任务 11\参数化窗族完成 . rfa"。

图 11.4.10　完成后的窗族

总　结

（1）系统族：系统族是已在 Revit Architecture 中预定义且保存在样板和项目中，包括墙、楼板等；系统族中至少应包含一个系统族类型，除此之外的其他系统族类型都可以删除。

（2）系统族的传递：方法 1，同时打开 2 个项目文件，在项目 1 的项目浏览器"族"中选择要复制的族类型，单击"剪贴板"面板中的"复制到剪切板"按钮，在项目 2 中单击"粘贴"，可将项目 1 中的族粘贴到项目 2。方法 2，同时打开 2 个项目文件，在项目 1 中单击"管理"选项卡"设置"面板中的"传递项目标准"按钮，可将相应族传递到项目 2。

（3）标准构件族：具有高度可自定义的特征，是在外部". rfa"文件中创建的，可导入或载入到项目中。

（4）标准构件族的创建：创建族文件，使用实体的"拉伸""融合""旋转""放样""放样融合"工具可创建实体模型，使用"空心拉伸""空心融合""空心旋转""空心放样""空心放样融合"可进行空心剪切。

（5）内建族：是在当前项目中为专有的特殊构件所创建的族，不需要重复利用。一些通用性不高的非标准构件，只在当前项目中使用，在其他项目中很少使用的构件，可以用内建族。

（6）内建族的创建：在 Revit 项目文件中，单击"构建"面板"构件"下拉列表中的"内建模型"按钮，创建方法同标准构件族的创建。

（7）参数化族的创建：新建族文件；使用参照平面命令，确定所需创建族的高度、宽度等位置，添加尺寸参数和材质参数；使用拉伸、融合等族命令创建实体模型，并关联尺寸参数、材质参数；完成族进行族测试和族应用。

习题与能力提升

见"习题与能力提升视频资源库"中的习题视频资源 11。

任务 12 Revit 创建体量以及体量研究

学习目标

(1)掌握内建体量的创建方法。

(2)掌握体量族的创建方法。

(3)掌握基于体量创建实体模型的方法。

(4)掌握体量幕墙的创建方法。

任务描述

序号	工作任务	任务驱动
1	创建内建体量	在内建体量绘图区域绘制一个形状，生成体量模型
2	创建体量族	1. 新建概念体量，绘制三维标高； 2. 通过"点的样条曲线"创建体量族
3	基于体量创建实体模型	1. 基于体量面创建墙； 2. 基于体量面创建楼板幕墙系统； 3. 基于体量面创建楼板； 4. 基于体量面创建屋顶
4	创建体量幕墙	1. 创建体量面； 2. 在体量面上创建幕墙系统

任务的解决与相关技术

体量是在建筑模型的初始设计中使用的三维形状。通过体量研究，可以使用造型形成建筑模型概念，从而探究设计的理念。概念设计完成后，可以直接将建筑图元添加到这些形状中。

Revit 提供了以下两种创建体量的方式：

(1)内建体量。内建体量同内建族。内建体量是在当前项目中创建的体量，用于表示当前项目独特的体量形状。一些只在当前项目中使用、通用性不高的体量，可以用内建体量。

(2)体量族。体量族属于可载入的族。需要在一个项目中放置体量的多个实例，或者在多个项目中需要使用同一体量族时，通常使用可载入的体量族。

工作任务：掌握内建体量的创建

1. 进入到"内建体量"编辑界面

打开 Revit 软件，单击"体量和场地"选项卡"概念体量"面板中的"内建体量"按钮(图 12.1.1)。

【小贴士】默认情况下，"体量"是不可见的。可打开"可见性/图形"对话框，勾选"模型类别"选项卡下的"体量"，使体量可见。

内建体量

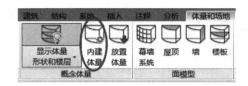

图 12.1.1 "内建体量"工具

在弹出的"名称"对话框中输入内建体量族的名称进入内建体量的草图绘制模型。Revit 自动打开"内建体量"编辑界面(图 12.1.2)。

图 12.1.2 内建体量功能区选项卡

2. 创建不同形式的内建体量

一般过程为：在"创建"选项卡"绘制"面板选择一个绘图工具，在绘图区域绘制一个形状。选择该形状，单击上下文选项卡"形状"面板中"创建形状"下拉列表中的"实心形状"或"空心形状"按钮，会自动生成相应的"实心形状"或"空心形状"体量模型。具体如下：

(1)选择一条线创建形状：线将垂直向上生成面，如图 12.1.3 所示。

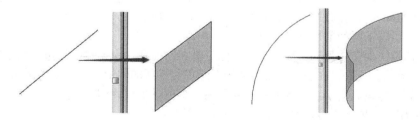

图 12.1.3 选择一条线生成体量

【提示】以上操作类似于创建族中的"拉伸"。

(2)选择两条线创建形状：选择两条线创建形状时，预览图形下方可选择创建方式，可以选择以直线为轴旋转弧线，也可以选择两条线作为形状的两边形成面，如图12.1.4所示。

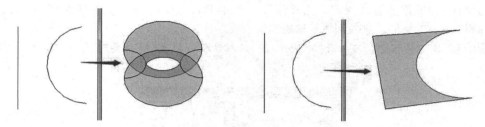

图12.1.4 选择两条线生成体量

【提示】以上操作类似于创建族中的"旋转"。

（3）选择一个闭合轮廓创建形状：创建拉伸实体。按"Tab"键可切换选择体量的点、线、面、体，选择后可通过拖曳修改体量（图12.1.5）。

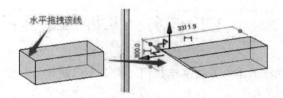

图12.1.5 选择一个闭合轮廓生成体量

（4）选择不同标高上的两个及以上闭合轮廓，或不同位置上的两个及以上垂直闭合轮廓，Revit将自动创建融合体量（图12.1.6）。若选择同一高度的两个闭合轮廓无法生成体量。

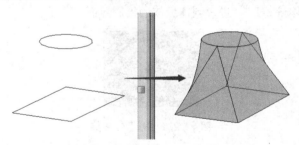

图12.1.6 选择不同标高上的两个闭合轮廓生成体量

【提示】以上操作类似于创建族中的"融合"。

（5）选择同一工作平面上的一条线及一条闭合轮廓创建形状：将以直线为轴旋转闭合轮廓创建形体，如图12.1.7所示。

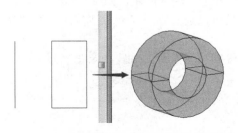

图12.1.7 选择同一工作平面上的线及闭合轮廓生成体量

3. 内建体量的编辑

打开"任务 12\体量编辑.rvt",选择体量,单击"修改 | 体量"上下文选项卡"模型"面板中的"在位编辑"(图 12.1.8),进入到体量编辑器。

【提示】若体量不可见,可打开"可见性/图形"对话框,勾选"模型类别"下的"体量",使体量可见。

图 12.1.8 "在位编辑"工具

12.2 工作任务:掌握体量族的创建

体量族与内建体量创建形体的方法基本相同,但由于内建体量只能随项目保存,因此在使用上相对体量族有一定的局限性。而体量族不仅可以单独保存为族文件随时载入项目,而且在体量族空间中还提供了如三维标高等工具并预设了两个垂直的三维参照面,优化了体量的创建及编辑环境。

体量族 & 基于体量
创建实体模型

打开 Revit 软件,单击族中的"新建概念体量"(图 12.2.1),在弹出的对话框中选择"公制体量.rft",进入到体量族的绘制界面。

图 12.2.1 概念体量族

12.2.1 三维标高的绘制

单击"创建"选项卡"基准"面板中的"标高"按钮,将鼠标光标移动到绘图区域现有标高面上方,光标下方出现间距显示,可直接输入间距,如"10 000",即 10 m,按 Enter 键即可完成三维标高的创建。标高绘制完成后可以通过临时尺寸标注修改三维标高高度,单击可直接修改,如图 12.2.2 所示。

可以通过"复制"工具,复制三维标高,如图 12.2.3 所示。

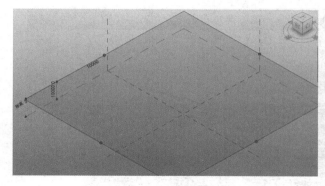
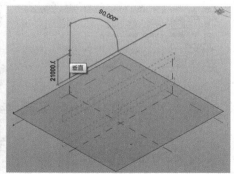

图 12.2.2　三维标高绘制　　　　　　　　图 12.2.3　复制三维标高

12.2.2　三维工作平面的定义

在三维空间中想要准确绘制图形，应先定义工作平面。

单击"创建"选项卡"工作平面"面板中的"设置"按钮，选择某标高平面或构件表面等即可将该面设置为当前工作平面。

单击激活"工作平面"面板中的"显示"工具可始终显示当前工作平面。

在绘图区域单击相应的工作平面即可将所选的工作平面设置为当前工作平面。

12.3　　工作任务：掌握体量研究的方法

体量研究，即将实体的墙体、屋顶、楼板、幕墙等建筑构件添加到体量上，可以使用体量造型形成建筑模型概念，从而探究设计的理念。

将建筑构件添加到体量上的方法是单击"体量和场地"选项卡"面模型"面板中的"幕墙系统""屋顶""墙""楼板"按钮(图 12.3.1)。

图 12.3.1　面模型工具

12.3.1　基于体量面创建墙

(1)打开显示体量的视图。

(2)单击"体量和场地"选项卡"面模型"面板中的"墙"按钮(图 12.3.2)。

(3)在"属性"选项板的类型选择器中，选择一个墙类型。

(4)在"属性"选项板或选项栏上，输入所需的标高、高度、定位线等墙的属性值。

(5)移动光标以高亮显示某个面。

(6)单击以选择该面，创建墙体(图 12.3.3)。

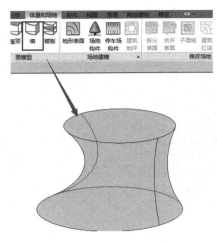

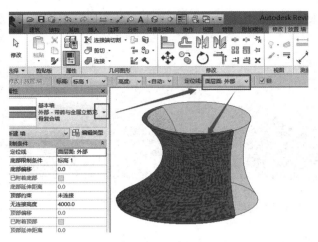

图 12.3.2　面模型中的"墙"工具　　　　图 12.3.3　创建面墙

【小贴士】此工具将墙放置在体量实例或常规模型的非水平面上,使用"面墙"工具创建的墙不会随体量的变化自动更新。要更新墙,选择创建的墙模型后,单击上下文选项卡"面模型"面板中的"面的更新"按钮。

12.3.2　基于体量面创建楼板幕墙系统

(1)打开显示体量的视图。

(2)单击"体量和场地"选项卡"面模型"面板中的"幕墙系统"按钮。

(3)在"属性"选项板类型选择器中,选择一种幕墙系统类型。

(4)移动鼠标光标以高亮显示某个面。

(5)单击以选择该面。

(6)单击"修改 | 放置面幕墙系统"上下文选项卡"多重选择"面板中的"创建系统"按钮(图 12.3.4)。幕墙系统创建完毕(图 12.3.5)。

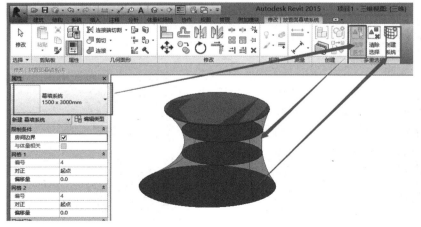

图 12.3.4　创建幕墙系统　　　　图 12.3.5　幕墙
系统创建完毕

【小贴士】幕墙系统没有可编辑的草图，无法编辑幕墙系统的轮廓。如果要编辑轮廓，需要使用"墙：建筑墙"工具，选择幕墙类型。

12.3.3　基于体量面创建楼板

基于体量面创建楼板的步骤为：先创建体量楼层，再创建楼板。体量楼层在体量实例中计算楼层面积。

（1）创建体量楼层：打开显示概念体量模型的视图，选择体量，单击"修改｜体量"上下文选项卡"模型"面板中的"体量楼层"按钮。在弹出的"体量楼层"对话框中，勾选要创建体量楼层的标高，单击"确定"按钮（图12.3.6）。

（2）单击"体量和场地"选项卡"面模型"面板中的"楼板"按钮。

（3）在"属性"选项板类型选择器中，选择一种楼板类型。

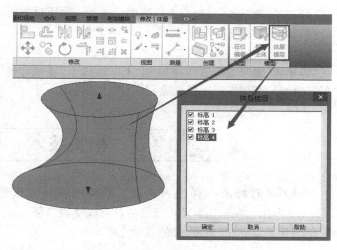

图12.3.6　体量楼层

（4）移动鼠标光标以高亮显示某一个体量楼层。

（5）单击选择体量楼层。

（6）单击"修改｜放置面楼板"上下文选项卡"多重选择"面板中的"创建楼板"按钮，楼板创建完毕（图12.3.7）。

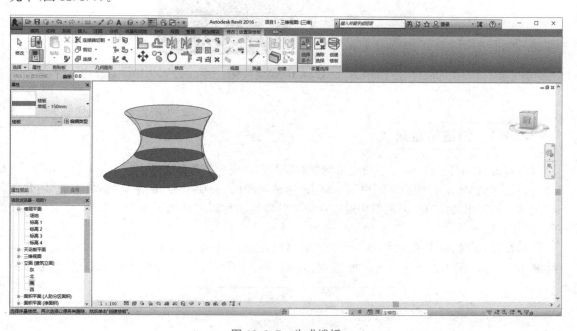

图12.3.7　生成楼板

12.3.4　基于体量面创建屋顶

（1）打开显示体量的视图。

（2）单击"体量和场地"选项卡"面模型"面板中的"屋顶"按钮。

（3）在"属性"选项板类型选择器中，选择一种屋顶类型。

（4）移动鼠标光标至屋顶，会高亮显示该面。

（5）单击选择该面。

（6）单击"修改｜放置面屋顶"上下文选项卡"多重选择"面板中的"创建屋顶"按钮，屋顶创建完毕（图12.3.8）。

图 12.3.8　生成屋顶

12.4　相关技术：体量幕墙

　　幕墙系统同幕墙一样是由嵌板、幕墙网格和竖梃组成，但它通常是由曲面组成，如图12.4.1所示。在创建幕墙系统之后，可以使用与幕墙相同的方法添加幕墙网格和竖梃。幕墙系统的创建是建立在"体量面"的基础上的。

幕墙系统

图 12.4.1　幕墙系统

12.4.1　创建体量面

　　（1）双击 Revit 图标，基于系统自带的"建筑样板"新建一个项目文件。

　　（2）进入到"标高1"楼层平面视图，单击"体量和场地"选项卡"内建体量"面板中的"内建体量"按钮，在弹出的"名称"对话框中输入自定义的体量名称（如"幕墙系统"），单击"确定"按钮。进入到体量编辑器。

　　（3）在"绘制"面板中单击"样条曲线"按钮，然后绘制一条样条曲线。再双击项目浏览器中的"标高2"，打开"标高2"平面视图，在"绘制"面板中单击"直线"按钮，绘制一条直线（图12.4.2）。

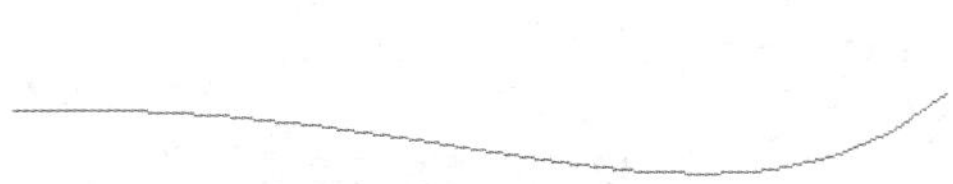

图 12.4.2　绘制的线

打开三维视图，选择绘制完成的样条曲线和直线，单击上下文选项卡"形状"面板"创建形状"下拉列表中的"实心形状"按钮(图 12.4.3)，单击"在位编辑器"面板中的"完成体量"按钮。形成的幕墙体量面如图 12.4.4 所示。

图 12.4.3　实心形状工具　　　　　　图 12.4.4　体量面

12.4.2　在体量面上创建幕墙系统

(1)单击"体量和场地"选项卡"面模型"面板中的"幕墙系统"按钮。

(2)在"属性"选项板中系统默认的幕墙系统是"幕墙系统 1500×3000 mm"(图 12.4.5)。单击"编辑类型"按钮弹出"类型属性"对话框，该幕墙系统是按照 1 500 mm×3 000 mm 分格。单击"确定"按钮退出"类型属性"对话框。

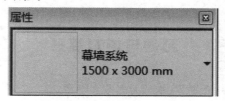

图 12.4.5　幕墙系统

(3)移动光标在体量面上，该体量面高亮显示。

(4)单击以选择该面。

(5)单击"修改丨放置面幕墙系统"上下文选项卡"多重选择"面板中的"创建系统"(图 12.4.6)按钮。幕墙系统创建完毕，如图 12.4.7 所示。

(6)创建完成的幕墙系统见"任务 12\幕墙系统完成 .rvt"。

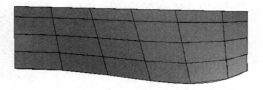

图 12.4.6　创建体量　　　　　　　图 12.4.7　幕墙系统

　　(1)内建体量的创建流程：打开 Revit 单击"体量和场地"选项卡"概念体量"面板中的"内建体量"按钮。一般的创建过程为：在"创建"选项卡"绘制"面板选择一个绘图工具，在绘图区域绘制一个形状。选择该形状，单击上下文选项卡的"创建形状"中的"实心形状"或"空心形状"，会自动生成相应的"实心形状"或"空心形状"体量模型。

　　(2)生成体量的方法：选择一条线单击"生成体量"，将生成垂直向上生成面；同时选择两条线单击"生成体量"，可以生成以直线为轴旋转的弧线，也可以生成以两条线为边的面；选择一个闭合的轮廓单击"生成体量"，将生成拉伸实体；选择不同标高上的两个及以上闭合轮廓单击"生成体量"，将生成融合体量；选择同一工作平面上的一条线及一条闭合轮廓单击"生成体量"，将生成以直线为轴进行旋转的闭合轮廓；选择一条线及位于该线垂直工作平面上的闭合轮廓单击"生成体量"，将生成以该线为放样路径，以闭合轮廓为放样轮廓的放样形体。

　　(3)体量实体模型的创建方法：体量创建完成后，单击"体量和场地"选项卡"面模型"面板中的"幕墙系统""屋顶""墙""楼板"等工具，可以在体量上创建幕墙、屋顶、墙、楼板。

习题与能力提升

　　见"习题与能力提升视频资源库"中的习题视频资源12。

任务 13　Revit 创建场地

学习目标

(1)掌握教学楼案例中场地、建筑地坪、子面域的创建方法。

(2)掌握场地创建的三种方法。

任务描述

序号	工作任务	任务驱动
1	创建教学楼案例中场地、建筑地坪、子面域	1. 在"场地"平面视图创建场地； 2. 利用"建筑地坪"工具创建建筑地坪； 3. 利用"子面域"工具创建柏油路； 4. 利用"场地构件"工具放置车、树、人等场地构件
2	使用三种方法创建场地创建	1. 通过"放置点"的方式创建场地； 2. 通过"通过导入实例"的方式将 DWG 三维场地文件导入到 Revit 中形成场地； 3. 通过"指定点文件"的方式，选择测量点文件自动生成场地

任务的解决与相关技术

13.1　工作任务：创建"教学楼工程"场地

任务要求：

按照图 13.1.1 创建场地。

教学楼案例：场地

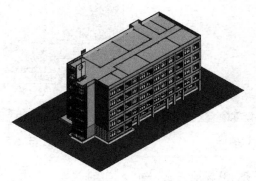

图 13.1.1　场地

操作思路：

首先进入到"场地"平面视图，其次使用"体量和场地"选项卡"地形表面"工具创建场地，最后修改材质为"C_场地-草"。

操作步骤：

(1)打开"任务10\模型文字完成.rvt"，双击"项目浏览器"面板"楼层平面"下的"场地"，打开"场地"楼层平面视图。

(2)创建参照平面：单击"建筑"选项卡"工作平面"面板中的"参照平面"按钮，按照图13.1.2中的定位创建AB、BD、CD、AC四个参照平面。

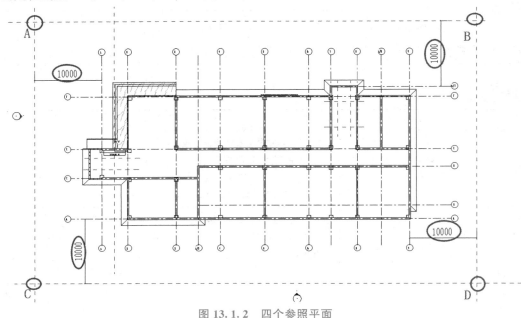

图13.1.2 四个参照平面

(3)建地形表面：单击"体量和场地"选项卡"场地建模"面板中的"地形表面"按钮（图13.1.3），在选项栏"高程"中输入"−450"(图13.1.4)，单击图13.1.2中的A、B、C、D四个点进行高程点放置，按ESC键退出放置高程点命令，按照图13.1.5将"属性"选项板中的"材质"设置为"C_场地-草"；单击上下文选项卡"表面"面板的"完成表面"。地形表面创建完毕。

图13.1.3 "地形表面"工具

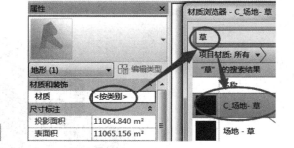

图13.1.4 选项栏

图13.1.5 材质更改

完成的项目文件见"任务13\场地完成.rvt"。

13.2   工作任务：创建"教学楼工程"建筑地坪

操作思路：

先删除一楼楼板，再使用"体量和场地"选项卡"场地建模"面板中的"建筑地坪"工具创建建筑地坪。

操作步骤：

（1）删除一楼楼板：打开"任务 13\场地完成 . rvt"，进入到 F1 楼层平面视图，选择一层楼板进行删除。

（2）创建地坪：进入到 F1 平面视图。单击"体量和场地"选项卡"场地建模"面板中的"建筑地坪"按钮（图 13.2.1），在"属性"选项类型选择器中选择"建筑地坪 1"，按照图 13.2.2 沿建筑物外墙绘制建筑地坪边界，单击"完成编辑模式"按钮。完成建筑地坪的创建。

图 13.2.1   "建筑地坪"工具

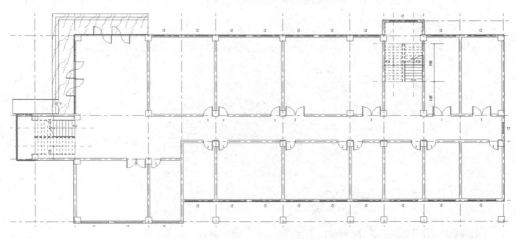

图 13.2.2   建筑地坪边界

【小贴士】建筑地坪会自动扣减场地。

完成的项目文件见"任务 13\建筑地坪完成 . rvt"。

13.3   工作任务：创建"教学楼工程"子面域

任务要求：

创建图 13.3.1 中的柏油路。

操作思路：

柏油路属于场地的子面域，单击"体量和场地"选项卡"修改场地"面板中的"子面域"按钮，进行创建。

操作步骤：

（1）打开"任务 13\建筑地坪完成 . rvt"，进入到"场地"楼层平面视图。

（2）单击"体量和场地"选项卡"修改场地"面板中的"子面域"按钮（图13.3.2），在"属性"选项板设置材质为"C_场地-柏油路"（图13.3.3），按照图13.3.4中的尺寸创建子面域边界，单击"修改｜创建子面域边界"上下文选项卡"模式"面板中的"完成编辑模式"按钮。柏油路子面域创建完毕。

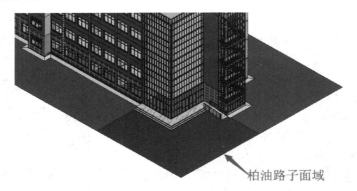

柏油路子面域

图13.3.1　子面域

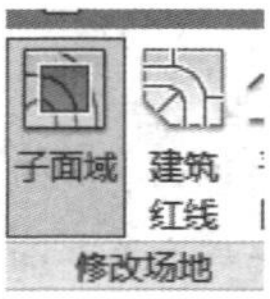

图13.3.2　"子面域"工具

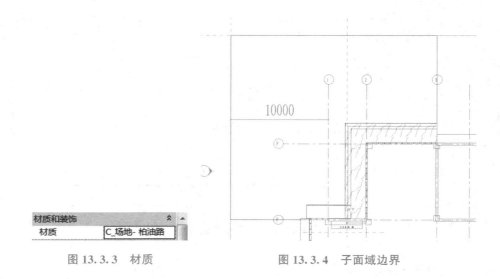

图13.3.3　材质

图13.3.4　子面域边界

完成的项目文件见"任务13\子面域完成.rvt"。

13.4　工作任务：创建"教学楼工程"场地构件

任务要求：

在场地上放置车、树、人等构件。

操作思路：

使用"体量和场地"选项卡中的"场地构件"工具，放置场地构件。若样板文件中没有相应的场地构件，可以通过"载入族"的方式，载入外部构件，再进行放置。

操作步骤：

（1）打开"任务13\子面域完成.rvt"，进入到"场地"视图。

（2）单击"体量和场地"选项卡"场地建模"面板中的"场地构件"按钮（图13.4.1），在"属性"选项板的类型选择器中选择"松树"（图13.4.2），在柏油路两侧适当位置放置松树；单击"属性"选项板上的"编辑类型"按钮，在弹出的"类型属性"对话框中单击"载入族"按钮，在弹出的"打开"对话框中选择"任务13\场地构件"文件夹中的"RPC甲虫""RPC男性""RPC女性"，在场地合适位置进行放置。完成三维视图如图13.4.3所示。

【小贴士】在软件完整安装的条件下，场地构件存储于"C：\ProgramData\Autodesk\RVT2016\Libraries\China\建筑"中的"场地"或"配景"文件夹。

完成的项目文件见"任务13\场地构件完成.rvt"。

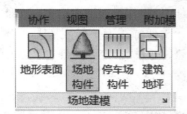

图 13.4.1 "场地构件"工具

图 13.4.2 类型选择器

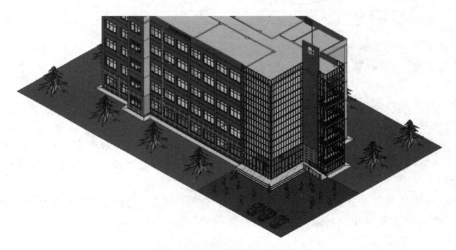

图 13.4.3 场地构件放置完成

可以将"视觉样式"调为"真实"，观看效果如图13.4.4所示。

图 13.4.4 "真实"下的显示

13.5 相关技术：场地创建的三种方法

Revit 提供了三种创建地形表面的方法：放置点、导入实例和点文件。

(1)放置点。教学楼案例就是用"放置点"的方法创建地形表面。

(2)导入实例。导入 CAD 文件，再执行"地形表面"命令，选择"通过导入实例"的方式，单击导入的 CAD 文件，进行场地创建。

(3)点文件。点文件指的是导入原始测量点数据文件快速创建地形表面。点文件必须使用逗号分隔的 CSV 或 TXT 文件格式，文件每行的开头必须是 X、Y 和 Z 坐标值。创建步骤：单击"地形表面"按钮，通过"指定点文件"的方式，选择测量点文件自动生成场地。

场地创建的
三种方法

总 结

(1)建筑场地的创建方法：首先进入到"场地"楼层平面视图，其次使用"体量和场地"选项卡"地形表面"工具，设置场地点的高程点，单击绘图区域进行创建，在"属性"选项板设置场地材质。

(2)建筑地坪的创建方法：使用"体量和场地"选项卡"建筑地坪"工具，在"属性"选项板设置建筑地坪的标高、构造层等属性。

(3)子面域的创建方法：以创建建筑场地上的柏油路为例，柏油路即属于建筑场地的子面域。单击"体量和场地"选项卡"修改场地"面板中的"子面域"按钮，单击建筑场地区域进行创建，在"属性"选项板设置柏油路的材质。

(4)场地构件的创建方法：使用"体量和场地"选项卡中的"场地构件"工具放置场地构件。若"属性"选项板中没有相应的场地构件，可以通过"载入族"的方式载入外部构件，再进行放置。

(5)建筑场地创建的三种方法：放置点、导入实例和点文件。教学楼案例是用"放置点"的方法创建地形表面；"导入实例"方法是将 DWG 三维场地文件导入到 Revit 中形成场地；"点文件"方法是导入原始测量点数据文件创建地形表面。

习题与能力提升

见"习题与能力提升视频资源库"中的习题视频资源 13。

任务 14　Revit 材质设置、渲染与漫游

学习目标

(1)掌握构件材质设置的方法。
(2)掌握贴花的创建方法。
(3)掌握相机视图的创建方法。
(4)掌握渲染的方法。
(5)掌握漫游的方法。

任务描述

序号	工作任务	任务驱动
1	设置构件材质	1. 对材质属性"图形"对话框中的参数进行修改； 2. 对材质属性"外观"对话框中的参数进行修改
2	创建贴花	1. 新建贴花类型； 2. 放置贴花
3	创建相机视图	1. 利用"相机"工具创建"西北角相机视图"； 2. 选择"相机视图"的裁剪区域边界对相机视图进行调整
4	创建渲染	1. 进行渲染设置； 2. 对渲染结果进行保存与导出
5	创建漫游	1. 创建畅游； 2. 编辑与预览漫游； 3. 进行漫游结果的导出

任务的解决与相关技术

14.1　工作任务："教学楼工程"构件材质设置

在教学楼工程中，已经设置了墙体、楼板等材质，不需要另行设置。下边以类型为"外墙-真石漆"的墙体为例，说明材质的设置。

(1)打开"任务 13\场地构件完成.rvt"。

(2)在三维视图，单击选择一层外墙，其类型为"外墙-真石漆"，单击"属性"选项板中的"编辑类型"按钮，弹出"类型属性"对话框。单击"结构"后的

构件材质设置

"编辑"按钮，弹出"编辑部件"对话框。单击第一行"面层 1[4]"后面的"材质"，看到该面层的材质名称为"涂料-外部-真石漆"，单击后面的"浏览"按钮(图 14.1.1)，弹出"材质浏览器"对话框。

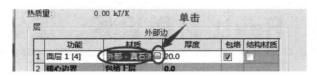

图 14.1.1　材质编辑

(3)在"材质浏览器"中进行构件材质设置，右侧包含"标识""图形""外观"选项卡，默认位置是"图形"选项卡，该选项卡含"着色""表面填充图案""截面填充图案"(图 14.1.2)。

1)"图形"选项卡。

①着色。此颜色是"着色"模式(图 14.1.3)下显示的图形颜色，与渲染后的颜色无关。单击"颜色"或"透明度"，可进行相应设置(注：若勾选"颜色"上方的"使用渲染外观"，则使用"外观"对话框中的外观设置)。

②表面填充图案。它指的是模型的"表面"填充样式，在三维视图和各立面都可以显示；也是"着色"模式下显示的图形颜色，与渲染后的颜色无关。单击"填充图案""颜色""对齐"，可进行相应设置(注：单击"填充图案"，进入到"填充样式"对话框，下方的"填充图案类型"应选择"模型"类型。该类型中，模型各个面填充图案的线条会和模型的边界线保持相同的固定角度，且不会随着绘图比例的变化而变化)。

③截面填充图案。其是指构件在"剖面图"中被剖切到时，显示的截面填充图案，如剖面图中的墙体需要实体填充时，需要设置该墙体的"截面填充图案"为"实体填充"，而不是设置"表面填充图案"。"平面图"上需要黑色实体填充的墙体也需要将"截面填充图案"设置为"实体填充"，因为平面图默认为标高向上 1 200 mm 的横切面(注：只有详细程度为中等或精细时才可见)。单击"填充图案""颜色"，可进行相应设置。

图 14.1.2　"材质浏览器"中的"图形"对话框

图 14.1.3　"着色"模式的选择

2)"外观"选项卡。该部分为"渲染"设置，是在"视觉样式"为"真实"(图 14.1.3)的条件下显示的外观。单击"替换此资源"可弹出"资源浏览器"对话框，双击选择相应资源，回到"外观"对话框进行与该资源相对应的"外观""饰面凹凸""风化"等的设置(图 14.1.4)。

3)"标识"选项卡。可设置材质名称、说明信息、产品信息、注释信息等。

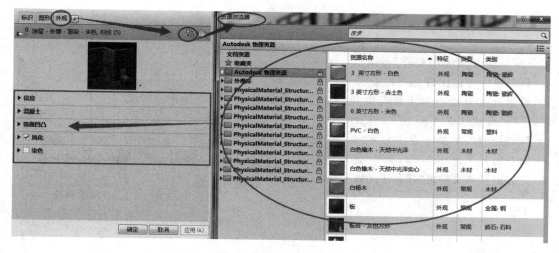

图 14.1.4 "外观"设置

14.2　工作任务："教学楼工程"贴花

使用"放置贴花"工具可将图像放置到建筑模型的水平表面和圆筒形表面上，以进行渲染。例如，可以将贴花用于"标识""绘画""广告牌"和"电视画面"等。对于每个贴花，可以指定一个图像及其反射率、亮度和纹理。设置方法如下。

贴花

1. 贴花类型

（1）单击"插入"选项卡"链接"面板，"放置"贴花下拉列表中的"放置贴花"按钮（图 14.2.1），弹出"贴花类型"对话框。

（2）按照图 14.2.2，单击左下角的"新建贴花"按钮，输入贴花"名称"为"学校标识"，单击"确定"按钮；单击右侧"设置"栏"源"后面的"…"按钮，选择"任务 14\学校标识.jpg"文件，单击"打开"按钮载入图像文件；设置图像的亮度、反射率、透明度和纹理（凹凸贴图）等。本例采用默认设置。单击"确定"按钮完成设置。

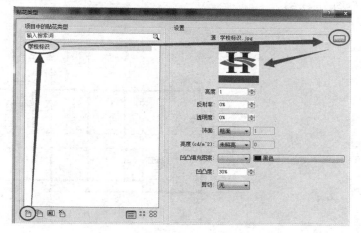

图 14.2.1　"贴花"工具　　　　　图 14.2.2　贴花类型

2. 放置贴花

打开北立面视图，单击"插入"选项卡"链接"面板"贴花"下拉列表中的"放置贴花"按钮。

移动鼠标光标出现矩形贴花预览图形，在教学楼西北入口坡道处的外墙上单击放置贴花，将视觉样式调为"真实"，可以看到贴花图案(图14.2.3)。

【小贴士】只有在视觉样式为"真实"或在渲染后，才能显示贴花的样子。

完成的项目文件见"任务14\贴花完成.rvt"。

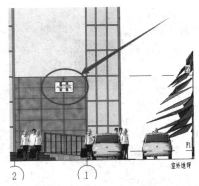

图14.2.3 放置贴花

14.3 工作任务："教学楼工程"相机

进入到F1平面视图。单击"视图"选项卡"创建"面板"三维视图"下拉列表中的"相机"按钮(图14.3.1)，观察选项栏中"偏移量"为"1 750.0"，即相机所处的高度为F1向上1 750 mm的高度。

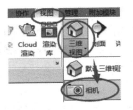

图14.3.1 "相机"工具

相机

移动鼠标光标在F1视图中左上角单击放置相机，光标向右下角移动，超过建筑物，单击放置视点(图14.3.2)，此时一张新创建的三维视图自动弹出。该三维视图位于项目浏览器"三维视图"下，名称为"三维视图1"。在"三维视图1"名称上单击鼠标右键，名称改为"西北角相机视图"(图14.3.3)。

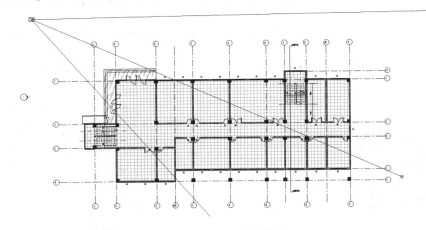

图14.3.2 相机的放置

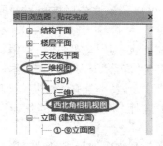

图 14.3.3　相机视图

选择"相机视图"的裁剪区域边界，单击各边控制点，并按住向外拖拽，使视口足够显示整个建筑模型时放开鼠标(图 14.3.4)。

图 14.3.4　调整裁剪区域

创建完成的项目文件见"任务 14\西北角相机视图完成.rvt"。

14.4　工作任务："教学楼工程"渲染

1. 渲染设置

在"西北角相机视图"三维视图，单击"视图"选项卡"图形"面板中的"渲染"按钮，弹出"渲染"对话框。

按照图 14.4.1 进行如下设置：

(1)"区域"选项：在"渲染"对话中勾选顶部"渲染"按钮旁边的"区域"，则在渲染视图中出现一个矩形的红色渲染范围边界线。单击选择渲染边界，拖

渲染

拽矩形边界和顶点的蓝色控制柄，可以调整渲染区域边界。取消勾选"区域"，为渲染全部。本例不勾选"区域"。

（2）渲染质量设置："设置"下拉列表中选择"低"（选择"编辑"可以自定义质量等级）。

（3）输出设置：可选择"分辨率"为"屏幕"或"打印机"。本例选择"打印机""300 DPI"。

（4）照明设置：从"方案"后的下拉列表中选择"室外：仅日光"。单击日光设置后的"…"按钮，在弹出的"日光设置"对话框中选择"来自左上角的日光"，单击"确定"按钮回到"渲染"对话框。

（5）背景设置：从"样式"后的下拉列表中选择"图像"，再单击"自定义图像"按钮。在弹出的"背景图像"对话框中，单击"图像"按钮，定位到"任务 14\天空.jpg"，单击"确定"按钮。

（6）调整曝光：拖拽滑块或输入值，可设置图像的曝光值、亮度、中间色调、阴影、白点和饱和度。本例采用默认设置。

以上设置完成后，单击"渲染"按钮。渲染后的图片如图 14.4.2 所示。

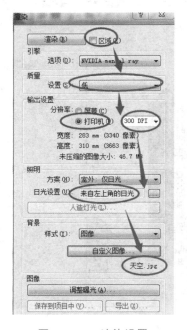

图 14.4.1　渲染设置

图 14.4.2　渲染完成

2. 保存与导出图像

（1）渲染完成后，在"渲染"对话框有"保存到项目中"和"导出"按钮，可以将渲染后的图像保存到项目中，或者导出为外部图片文件。

1）保存到项目中：单击"渲染"对话框的"保存到项目中"按钮（图 14.4.3），输入图像"名称"为"西北角视图渲染"，单击"确定"按钮。渲染图像将保存在项目浏览器的"渲染"下。

2）导出为外部图片文件：单击"渲染"对话框的"导出"按钮，设置保存路径，指定保存图像文件名为"西北角视图渲染"，单击"保存"按钮即可将文件保存为外部图像文件。

图 14.4.3　保存和导出按钮

（2）关闭"渲染"对话框，保存文件。

（3）完成的项目文件见"任务14\西北角视图渲染完成.rvt"，完成的渲染图像文件见"任务14\西北角视图渲染.jpg"。

14.5 工作任务："教学楼工程"漫游

14.5.1 创建畅游

进入到F1平面视图。单击"视图"选项卡"创建"面板"三维视图"下拉列表中的"漫游"按钮（图14.5.1）。选项栏中的"偏移量"为漫游所处的高度，默认为1 750，可按照需求进行修改。

图14.5.1 "漫游"工具

鼠标光标移至绘图区域，在F1视图中教学楼西北入口位置单击，开始绘制路径，即漫游所要经过的路线。每单击一个点，即创建一个关键帧，沿教学楼外围逐个单击放置关键帧，路径围绕教学楼一周后回到西北入口位置，按Esc键完成漫游路径的绘制。路径如图14.5.2所示。

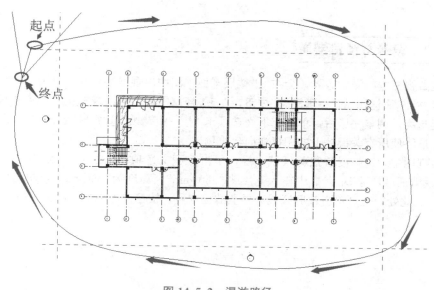

图14.5.2 漫游路径

完成路径后，会在项目浏览器中出现"漫游"项，双击"漫游 1"打开漫游视图（图 14.5.3）。

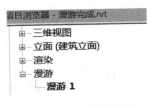

图 14.5.3 "漫游"项

单击"视图"选项卡"窗口"面板中的"平铺"按钮或输入快捷键"WT"，此时绘图区域显示打开过的所有视图。若除了 F1 平面视图和漫游视图外还有其他视图，可以关掉其他视图，再执行一遍"平铺"，使绘图区域仅平铺显示 F1 楼层平面图视图和漫游视图（图 14.5.4）。

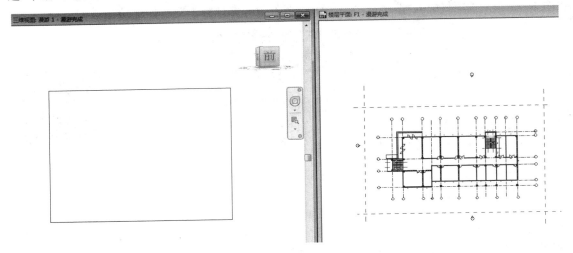

图 14.5.4 平铺仅显示"F1 平面视图"和"漫游"视图

14.5.2 编辑与预览漫游

单击漫游视图中的漫游边界，会在 F1 楼层平面视图中出现漫游路径；单击"修改｜相机"上下文选项卡"漫游"面板中的"编辑漫游"按钮，在 F1 楼层平面中会出现相机，调整相机朝向，使相机朝向建筑物。调整完毕后，单击上下文选项卡"上一关键帧"选项（图 14.5.5），继续调整其他关键帧，最终使所有关键帧上的相机朝向建筑物。

在漫游视图中，选择漫游裁剪区域边界，单击上下文选项卡"裁剪"面板中的"尺寸裁剪"，在弹出的"裁剪区域尺寸"对话框中输入宽度为"350 mm"、高度为"450 mm"，单击"确定"按钮（图 14.5.6）。此处，也可单击裁剪区域边界上的控制点，按住向外拖拽，放大视口。

图 14.5.5　上一关键帧　　　　　　　图 14.5.6　漫游视口尺寸的编辑

都调整完毕后，在漫游视图，单击"编辑漫游"上下文选项卡"漫游"面板中的"播放"键（图 14.5.7），播放创建的漫游。

图 14.5.7　播放漫游

根据实际情况，可以调整每一关键帧的加速度值：如图 14.5.8 所示，单击"300"，弹出"漫游帧"对话框。取消勾选"匀速"，根据实际情况在该对话框中修改每一帧的加速度。

14.5.3　漫游的导出

在漫游视图，设置视觉样式为"真实"。单击"应用程序"按钮→"导出"→"图像和动画"→"漫游"（图 14.5.9）。

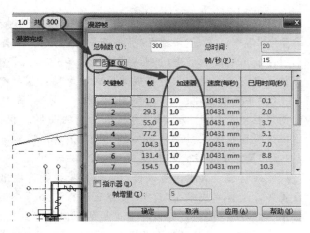

图 14.5.8　改变漫游加速度

图 14.5.9　漫游导出

在弹出的"长度/格式"对话框中可修改"帧\秒"为3帧（图14.5.10），单击"确定"按钮。弹出"导出漫游"对话框，输入文件名"漫游"并选择路径，单击"保存"按钮。在弹出的"视频压缩"对话框中，选择压缩程序为"Microsoft Video 1"[默认压缩模式为全帧（非压缩的），产生的文件会非常大]，如图14.5.11所示。单击"确定"按钮，将漫游文件导出为外部AVI文件。

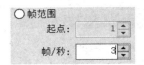
图14.5.10　长度/格式设置

图14.5.11　压缩程序设置

至此完成漫游的创建和导出，保存文件。

完成的文件见"任务14\漫游完成.rvt"和"任务14\漫游.avi"。

（1）构件的材质设置：在"材质浏览器"对话框中包含"标识""图形""外观"等选项。其中，"图形"选项对应的是视觉样式"着色"下的显示，包含着色的颜色、表面填充图案和截面填充图案等；"外观"选项对应的是视觉样式"真实"下的显示，包含"外观"颜色、饰面凹凸、风化等。

（2）贴花的载入与放置：单击"插入"选项卡"链接"面板中的"放置贴花"按钮，弹出"贴花类型"对话框，单击"新建贴花"按钮，输入贴花"名称"，选择贴花图片，可设置图片的亮度、反射率、透明度和纹理（凹凸贴图）等。单击"插入"选项卡"链接"面板中的"放置贴花"按钮，可放置贴花。注意：只有将视觉样式调为"真实"，才可以看到贴花图案。

（3）相机的创建：单击"视图"选项卡"创建"面板"三维视图"下拉列表中的"相机"按钮，可创建相机，其中"偏移量"为相机所处的高度。相机设置后，会出现一张新创建的三维视图，该视图位于项目浏览器"三维视图"下，可将其命名为"相机视图"。

（4）渲染的创建：在相机视图中，单击"视图"选项卡"图形"面板中的"渲染"按钮，弹出"渲染"对话框。其中，可以进行渲染质量设置、输出设置、照明设置、背景设置、调整曝光设置等，设置完成单击"渲染"按钮可进行渲染。渲染完成后，在"渲染"对话框有"保存到项目中"和"导出"按钮，可以将渲染后的图像保存到项目中，或者导出为外部图片文件。

（5）漫游的创建：在平面视图，单击"视图"选项卡"创建"面板"三维视图"下拉菜单中的"漫游"工具进入到漫游创建中，单击绘图区域可按照需求进行放置漫游路径，单击"完成漫游"结束漫游创建操作。单击"编辑漫游"进入到编辑漫游中，可调整相机朝向、进行帧设置等。漫游编辑完成后，单击"应用程序"按钮→"导出"→"图像和动画"→"漫游"，可导出漫游视频。

习题与能力提升

见"习题与能力提升视频资源库"中的习题视频资源14。

任务 15　Revit 工程量统计

学习目标

(1)掌握窗明细表的创建方法。
(2)掌握门明细表的创建方法。
(3)掌握材质提取明细表的创建方法。
(4)掌握钢筋统计表的创建方法。
(5)掌握明细表导出的方法。

任务描述

序号	工作任务	任务驱动
1	创建窗明细表	1. 利用"明细表/数量"工具新建窗明细表，包含"合计""宽度""底高度""类型""高度"字段； 2. 修改"字段""排序/成组""格式""外观"字段； 3. 打开"窗明细表"视图
2	创建门明细表	同窗明细表创建，创建门明细表
3	创建材质提取明细表	统计墙体中的"加气砌块"用量
4	对明细表进行导出	1. 导出明细表； 2. 用 Microsoft Excel 打开导出的明细表，另存为 Excel 文件

任务的解决与相关技术

15.1　工作任务："教学楼工程"窗明细表

(1)打开"任务 10\模型文字完成.rvt"。

(2)单击"视图"选项卡"创建"面板"明细表"下拉列表中的"明细表/数量"按钮。

(3)在弹出的"新建明细表"对话框中选择"窗"类别，单击"确定"按钮（图 15.1.1），弹出"明细表属性"对话框。

(4)按照图 15.1.2，在"可用的字段"中选择"合计"，单击"添加"，"合计"字段会添加到右侧的"明细表字段中"；同理，添加"宽度""底高度""类型"

窗明细表

"高度"字段；单击"上移"或者"下移"按钮，将明细表字段排序为"类型""宽度""高度""底高度""合计"。

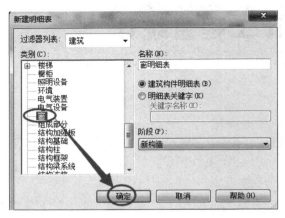

图 15.1.1 新建窗明细表　　　　　　　　　　图 15.1.2 "字段"栏编辑

（5）单击"排序/成组"，进入到"排序/成组"栏："排序方式"设置为"类型"，勾选"总计"并选择"标题、合计和总数"，取消勾选"逐项列举每个实例"（图15.1.3）。

（6）单击"格式"，进入到"格式"栏：单击"字段"中的"合计"，勾选"字段格式"中的"计算总数"（图15.1.4）。

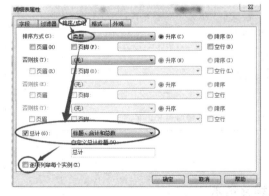 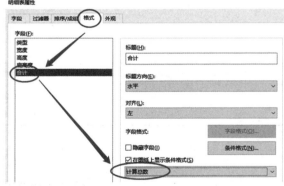

图 15.1.3 "排序/成组"栏编辑　　　　　　图 15.1.4 "格式"栏编辑

（7）单击"外观"，进入到"外观"栏：取消勾选"数据前的空行"。单击"确定"按钮，退出"明细表属性"对话框（图15.1.5）。

图 15.1.5 "外观"栏编辑

自动生成"窗明细表"(图 15.1.6)。在"项目浏览器"→"明细表/数量"中，也会自动生成"窗明细表"视图(图 15.1.7)。

〈窗明细表〉

A	B	C	D	E
类型	宽度	高度	底高度	合计
C2	2700	2100	900	110
C3	1200	2500	900	5
总计：115				115

图 15.1.6　窗明细表

图 15.1.7　"项目浏览器"中自动生成"窗明细表"

15.2　工作任务："教学楼工程"门明细表

同理，创建门明细表：

(1)单击"视图"选项卡"创建"面板"明细表"下拉列表中的"明细表/数量"按钮。

(2)在弹出的"新建明细表"对话框中选择"门"类别，单击"确定"按钮。

(3)在"字段"栏：将"合计""宽度""高度""类型"添加到"明细表字段"中。单击"上移"或者"下移"按钮，将明细表字段排序为"类型""宽度""高度""合计"。

门明细表

(4)在"排序/成组"栏："排序方式"设置为"类型"，勾选"总计"并选择"标题、合计和总数"，取消勾选"逐项列举每个实例"。

(5)在"格式"栏：单击"字段"中的"合计"，勾选"字段格式"中的"计算总数"。

(6)在"外观"栏：取消勾选"数据前的空行"。单击"确定"按钮，退出"明细表属性"对话框。

(7)自动生成"门明细表"(图 15.2.1)。在"项目浏览器"中的"明细表/数量"中，也会生成"门明细表"视图。

〈门明细表〉

A	B	C	D
类型	宽度	高度	合计
100系列有横档	1750	2750	4
M1	900	2100	32
M2	1800	2400	41
总计：77			77

图 15.2.1　门明细表

完成的项目文件见"任务 15\门窗明细表完成.rvt"。

以统计"加气砌块"用量为例：

（1）单击"视图"选项卡"创建"面板"明细表"下拉列表中的"材质提取"按钮（图15.3.1）。

（2）在弹出的"新建材质提取"对话框中，单击"墙"按钮，并单击"确定"按钮（图15.3.2）。

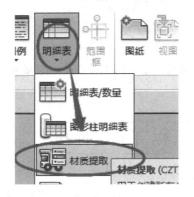

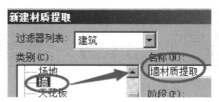

材质提取明细表

图15.3.1　"材质提取"工具　　　　图15.3.2　选择"墙"类别

（3）在弹出的"材质提取属性"对话框中："可用的字段"选择"材质：名称""材质：体积"（图15.3.3）；"过滤器"栏中，"过滤条件"选择"材质：名称""等于""C_砼-加气砌块"（图15.3.4）；"排序/成组"栏中，"排序方式"选择"材质：名称"，勾选"总计"，取消勾选"逐项列举每个实例"（图15.3.5）；"格式"栏中，选择"材质：体积"字段，勾选"计算总数"（图15.3.6）；"外观"栏中，取消勾选"数据前的空行"（图15.3.7）。单击"确定"按钮，自动生成加气砌块用量表（图15.3.8）。

图15.3.3　明细表字段

图15.3.4　过滤器

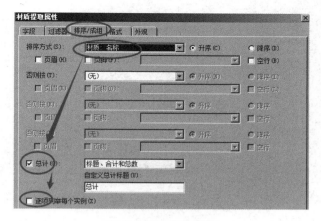

图 15.3.5 排序/成组

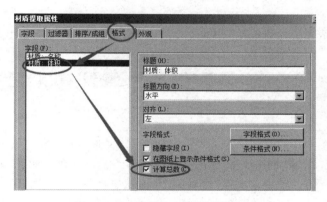

图 15.3.6 "材质：体积"计算总数

图 15.3.7 外观设置

图 15.3.8 加气砌块用量表

完成的项目文件见"任务 15\材质提取明细表完成.rvt"。

15.4 工作任务："教学楼工程"明细表的导出

在"窗明细表"视图中，单击"应用程序"按钮，从应用程序菜单中选择"导出"→"报告"→"明细表"命令（图 15.4.1）。系统默认设置导出文件名为"窗明细表.txt"。

图 15.4.1 导出明细表

根据需要设置"明细表外观"和"输出选项"（本例选择默认设置），单击"确定"按钮即可导出明细表。

导出的"窗明细表"见"任务 15\窗明细表.txt"。该明细表可用 Microsoft Excel 打开，另存为 Excel 文件。

（1）门窗明细表的创建：单击"视图"选项卡"创建"面板"明细表"下拉列表中的"明细表/数量"按钮，在弹出的"新建明细表"对话框中选择门或者窗类别，单击"确定"按钮；在"字段"栏，将"合计""宽度""高度""类型"添加到"明细表字段"中；在"排序/成组"栏，"排序方式"设置为"类型"，勾选"总计"并选择"标题、合计和总数"，取消勾选"逐项列举每个实例"；在"格式"栏，单击"字段"中的"合计"，勾选"字段格式"中的"计算总数"；在"外观"栏，取消勾选"数据前的空行"；单击"确定"生成明细表。在项目浏览器中的"明细表/数量"中也会自动生成该明细表视图。

（2）材质明细表的创建（以墙体中的加气混凝土砌块工程量统计为例）：单击"视图"选项卡"创建"面板"明细表"下拉列表中的"材质提取"按钮，单击"墙"，单击"确定"按钮；在弹出的"材质提取属性"对话框中，"可用的字段"选择"材质：名称""材质：体积"；"过滤器"栏中，"过滤条件"选择"材质：名称""等于""C_砼-加气砌块"；"排序/成组"栏中，"排序方式"选择"材质：名称"，勾选"总计"，取消勾选"逐项列举每个实例"；"格式"栏中，选择"材质：体积"字段，勾选"计算总数"；"外观"栏中，取消勾选"数据前的空行"；单击"确定"按钮，自动生成加气砌块用量表。

（3）明细表的导出：在明细表视图中，单击应用程序按钮，从应用程序菜单中选择"导出"→"报告"→"明细表"。

习题与能力提升

见"习题与能力提升视频资源库"中的习题视频资源 15。

任务 16　Revit 施工图出图及以 DWG 为底图建模

学习目标

(1)掌握建筑平面图的视图处理方式方法。

(2)掌握建筑立面图的视图处理方式方法。

(3)掌握建筑剖面的视图处理方式方法。

(4)掌握施工图布图与打印的方法。

(5)掌握导出 DWG 格式文件的方法。

任务描述

序号	工作任务	任务驱动
1	创建建筑平面图出图视图	1. 复制出"出图视图"； 2. 进行可见性设置； 3. 视图样板的创建及应用； 4. 进行尺寸线标注； 5. 进行高程点标注； 6. 添加平面注释
2	创建建筑立面图出图视图	1. 复制出"出图视图"； 2. 进行可见性设置； 3. 进行轴网标头调整及端点位置调整； 4. 添加立面注释
3	创建建筑剖面图出图视图	1. 创建剖面视图； 2. 编辑剖面视图
4	施工图布图与打印	1. 创建图纸； 2. 编辑图纸中的视图； 3. 打印
5	导出 DWG 格式文件	将"二-五层平面图"导出 DWG 格式文件

16.1 工作任务：创建"教学楼工程"建筑平面图出图视图

以二至五层平面图出图为例进行讲解。复制出"出图平面"进行视图处理，具体如下。

16.1.1 复制出"出图视图"

(1)打开"任务 15\材质提取明细表完成.rvt"。

(2)复制出"出图平面"：在项目浏览器中 F2 楼层平面上单击鼠标右键，选择"复制视图"→"带细节复制"出一个"F2 副本 1"，右键重命名为"二-五层平面图"(图 16.1.1)。

(3)双击进入到"二-五层平面图"平面视图，在"属性"选项板中，确保"视图比例"为"1∶100"，"详细程度"为"粗略"，"基线"参数选择为"无"(图 16.1.2)。

建筑平面图视图处理

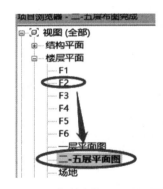

图 16.1.1 复制出"二-五层平面图"

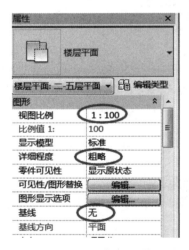

图 16.1.2 视图设置

16.1.2 可见性设置

输入快捷键"VV"，弹出"可见性/图形替换"对话框，在"模型类别"栏：取消勾选"地形""场地""植物"及"环境"的可见性(图 16.1.3)；在"注释类别"栏：取消勾选"参照平面""立面"(图 16.1.4)，单击"确定"按钮。

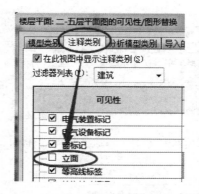

图 16.1.3　取消勾选"地形""场地"
"植物"及"环境"的可见性

图 16.1.4　取消勾选"参照平面"及"立面"

16.1.3　视图样板的创建及应用

（1）视图样板创建：在"二-五层平面图"平面视图中，单击"视图"选项卡"图形"面板"视图样板"下拉列表中的"从当前视图创建样板"按钮（图 16.1.5），在弹出的"新视图样板"对话框，输入新视图样板名称为"平面图出图样板"，单击"确定"按钮两次。

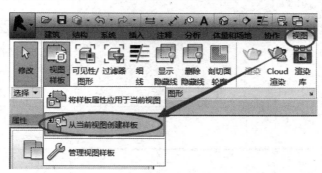

图 16.1.5　从当前视图创建样板

（2）以将该视图样板应用到"一层出图"为例，进行视图样板应用讲解：选择"带细节复制"复制 F1，修改复制出的视图名称为"一层平面图"，单击"视图"选项卡"图形"面板"视图样板"下拉列表中的"将样板属性应用于当前视图"（图 16.1.6），选择刚刚创建的"平面图出图样板"样板，单击"确定"按钮（图 16.1.7）。

（3）通过视图样板应用，相当于在"一层平面图"中执行了可见性设置：在"模型类别"栏中取消勾选"地形""场地""植物"及"环境"的可见性，在"注释类别"栏中取消勾选"参照平面""立面"的可见性。

【小贴士】视图样板即可见性设置。

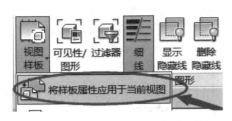

图 16.1.6 将样板属性应用于当前视图

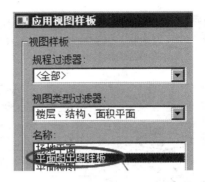

图 16.1.7 将样板属性应用于当前视图

16.1.4 尺寸线标注

以标注"二-五层平面图"为例，以下介绍两种尺寸标注的方法：

(1)采取拾取"单个参照点"的方法。在"二-五层平面图"楼层平面中，单击"注释"选项卡"尺寸标注"面板中的"对齐"尺寸标注按钮(图16.1.8)或输入快捷键"DI"，选项栏中"拾取"设为"单个参照点"(图16.1.9)，根据状态栏提示单击轴线①，再点击轴线⑨，再单击空白位置放置标注。同理，标注其他三个方向上的最外围尺寸线，标注完成三道尺寸线，如图16.1.10所示。

图 16.1.8 标注

图 16.1.9 拾取"单个参照点"标注

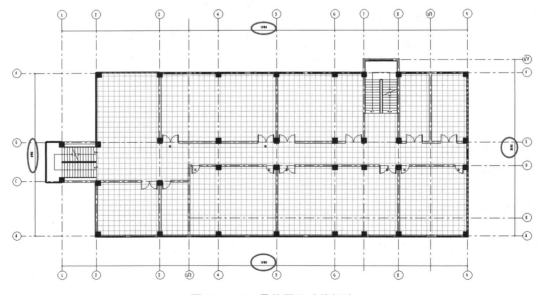

图 16.1.10 最外围尺寸线标注

（2）采取拾取"整个墙"的方法。

1）首先，选择"墙"工具，利用"矩形"的绘制方法在建筑物外围绘制四面墙（图 16.1.11）。单击"对齐尺寸标注"按钮或输入快捷键"DI"，将选项栏中拾取"单个参照点"改为"整个墙"（图 16.1.12），单击拾取辅助墙体即可自动创建第二道尺寸线（图 16.1.13）。标注完成后删除四面辅助墙，两端多余的尺寸会同时被删除。

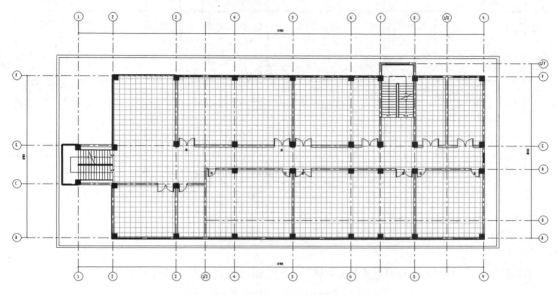

图 16.1.11　绘制四面墙

| 参照墙中心线 ∨ | 拾取: 整个墙 ∨ | 选项 |

图 16.1.12　拾取"整个墙"

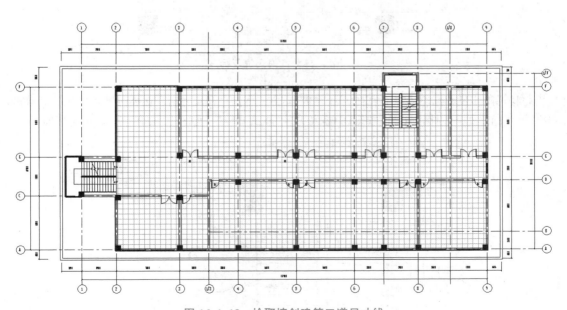

图 16.1.13　拾取墙创建第二道尺寸线

2）同理，利用拾取"整个墙"的方法，快速标注最内侧尺寸线。标注完成的三道尺寸线如图 16.1.14 所示。

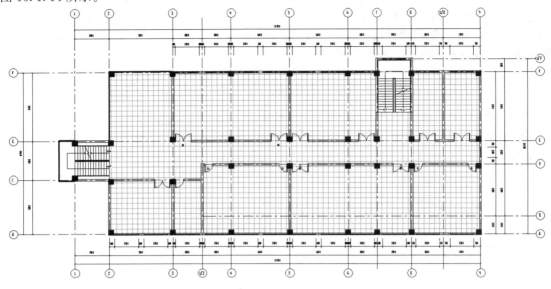

图 16.1.14　三道尺寸线标注

3）室内尺寸的标注：采用拾取"整个墙"的方法标注室内门位置（图 16.1.15）。

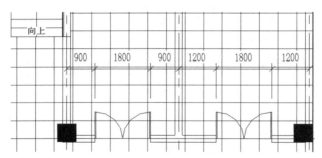

图 16.1.15　室内门位置标注

4）楼梯踏步尺寸标注：使用拾取"单个参照点"方式标注楼梯尺寸后，在梯段尺寸"3 900"处双击，弹出"尺寸标注文字"对话框；在"前缀"中输入文字"300×13＝"，如图 16.1.16 所示，确定后即可。

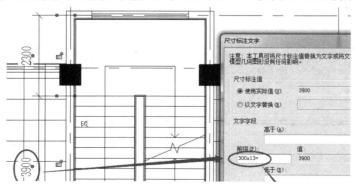

图 16.1.16　尺寸标注中的"前缀"设置

16.1.5　高程点标注

(1)单击绘图区域下的"视图控制栏"中的"视觉样式",选择"隐藏线"模式(图16.1.17)。

(2)单击"注释"选项卡"尺寸标注"面板中的"高程点"按钮(图16.1.18),在"属性"选项板类型选择器中选择"C_高程m"(图16.1.19),鼠标光标停在相应位置上标注高程点(图16.1.20)。

图16.1.17　视觉样式

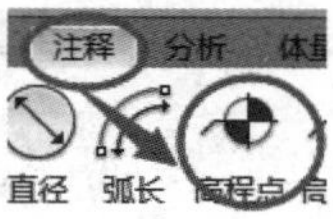

图16.1.18　"高程点"工具

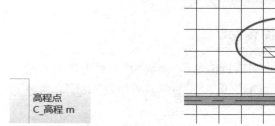

图16.1.19　选择"C_高程m"类型

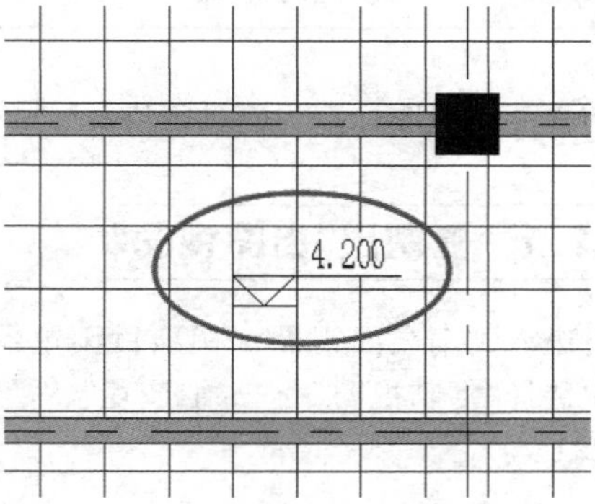

图16.1.20　高程点标注

【小贴士】只能在"隐藏线"模式下标注高程点,不能在"线框"模式下标注高程点。对于一楼地坪的标注,类型选择器选择"C_高程_00 m"进行标注。

16.1.6　添加注释

(1)文字注释:单击"注释"选项卡"文字"面板中的"文字"按钮(图16.1.21),进行"教室""办公室""男厕""女厕"等文字标注(图16.1.22)。

A

文字

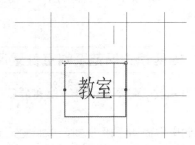

图16.1.21　"文字"注释工具

图16.1.22　添加文字

（2）门窗注释：单击"注释"选项卡"标记"面板中的"全部标记"按钮（图16.1.23），在弹出的"标记所有未标记的对象"对话框中，分别选择"窗标记""门标记"（图16.1.24），单击"确定"按钮。

图16.1.23 "全部标记"工具

图16.1.24 窗标记、门标记

完成的项目文件见"任务16\平面图视图处理完成.rvt"。

16.2 工作任务：创建"教学楼工程"建筑立面图出图视图

以南立面图视图处理为例进行讲解。

16.2.1 复制出"出图视图"

双击进入到南立面视图，在项目浏览器"南立面"上单击鼠标右键，在列表中选择"复制视图"→"带细节复制"，新定义名称为"①-⑨立面图"（图16.2.1）。

建筑立面图视图处理

图16.2.1 新建出图视图

16.2.2 可见性设置

输入快捷键"VV"，弹出"可见性/图形替换"对话框，取消勾选"模型类别"栏中的"地形""场地""植物""环境"，取消勾选"注释类别"栏中的"参照平面"。单击"确定"按钮，退出"可见性/图形替换"对话框。

16.2.3 轴网标头调整及端点位置调整

立面视图中一般只需要显示第一根和最后一根轴线，且轴线及标高的长度也无须太长，调整方法如下：

（1）进入到"南立面-出图"，选择②轴线至⑱轴线，单击"修改｜轴网"上下文选项卡"视图"面板中的"隐藏图元"按钮（图16.2.2）。

(2)轴线位置调整：单击①轴线，单击拖拽点，向下拖拽一段距离松开鼠标，使轴号距离建筑物一段距离，便于以后的尺寸标注，如图16.2.3所示。此时，⑨轴线也会随①轴线拖拽至相应位置。

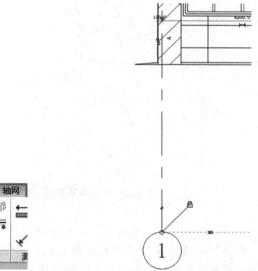

图 16.2.2　隐藏图元　　　　　　　　　　图 16.2.3　拖拽轴线至合适位置

(3)标高位置调整：勾选"属性"选项板中的"裁剪视图""裁剪视图可见"(图16.2.4)，出现裁剪区域边界线。单击右侧裁剪边界线，单击右侧裁剪边界中间的蓝色圆圈符号向左拖拽，使右侧标高标头位于裁剪区域之外，如图16.2.5所示。这时，选中某一标高，可以观察到所有标高线端点已经全部由原先的"3D"改为"2D"模式(图16.2.6)。选择标高下的蓝点，拖拽至合适位置，松开鼠标。右侧标高位置调整完毕。

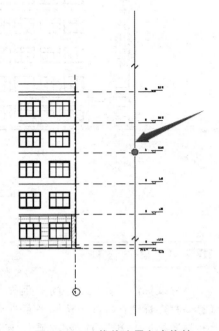

范围	
裁剪视图	☑
裁剪区域可见	☑

图 16.2.4　勾选"裁剪视图""裁剪视图可见"　　　　　图 16.2.5　裁剪边界向内拖拽

（4）同理，使用该方法调整左侧标高位置。调整完毕，取消勾选"属性"选项板中的"裁剪视图""裁剪视图可见"。

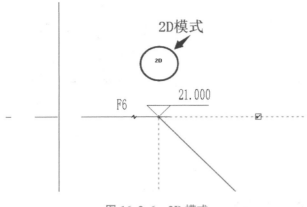

图 16.2.6   2D 模式

【小贴士】采用"裁剪边界"调整标高位置的方法，能够快速将"3D"转成"2D"，因此只影响本立面视图的标高位置，不会影响其他立面视图的标高位置。此方法对调整轴线位置同样适用，是整体调整平、立、剖视图中标高和轴线标头位置的快捷方法。

调整完成的立面图如图 16.2.7 所示。

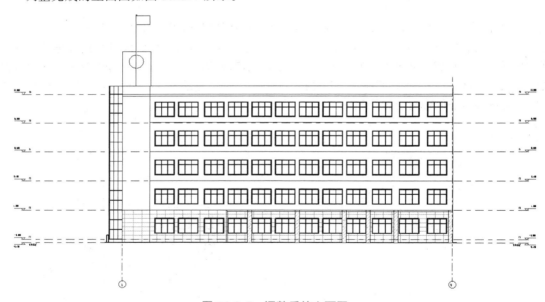

图 16.2.7   调整后的立面图

16.2.4   添加注释

（1）尺寸线标注：标注方法同平面图尺寸线标注。

（2）高程点标注：标注方法同平面图尺寸线标注。

（3）材质标记：单击"注释"选项卡"标记"面板中的"材质标记"按钮（图 16.2.8）。

多 类别

材质 标记

图 16.2.8 "材质标记"工具

完成的南立面图如图 16.2.9 所示。

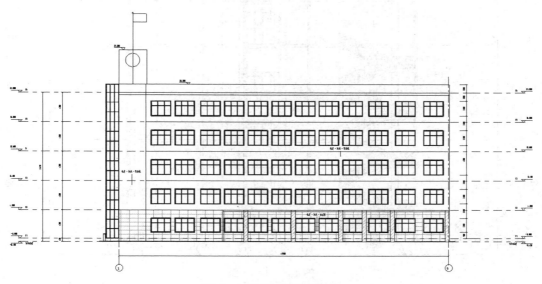

图 16.2.9 西立面图出图

完成的项目文件见"任务 16\立面图视图处理完成 . rvt"。

16.3 工作任务：创建"教学楼工程"建筑剖面图出图视图

16.3.1 创建剖面视图

使用"视图"选项卡"创建"面板"剖面"工具。在⑦轴和⑧轴之间绘制剖面。此时，项目浏览器中增加"剖面（建筑剖面）"项，将其重命名为"1-1 剖面图"，双击该视图进入到 1-1 剖面图（图 16.3.1）。

16.3.2 编辑剖面视图

建筑剖面图
视图处理

剖面图的可见性设置、标高轴网调整、标注等同立面图，不同的是可以通过"可见性"设置，直接将楼板、屋顶、墙体设置为实体填充。具体如下：

输入快捷键"VV"，在弹出的"剖面：1-1 剖面图的可见性/图形替换"对话框中，按住"Ctrl"键同时选择"墙""屋顶""楼板""楼梯"，再单击截面"填充图案"中的"替换"，如图 16.3.2 所示。在弹出的"填充样式图形"对话框中，颜色修改为"黑色"，填充图案改为"实体填充"，如

图 16.3.3 所示。单击"确定"按钮，完成可见性设置。

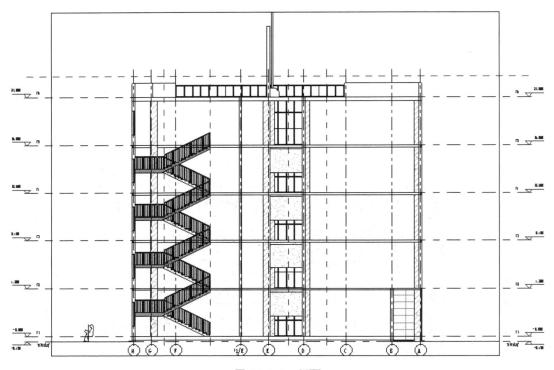

图 16.3.1 剖面

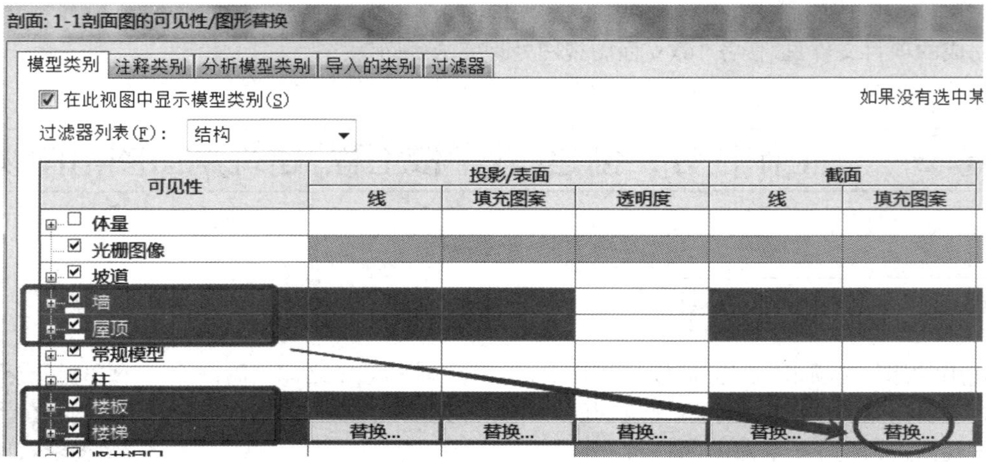

图 16.3.2 可见性设置

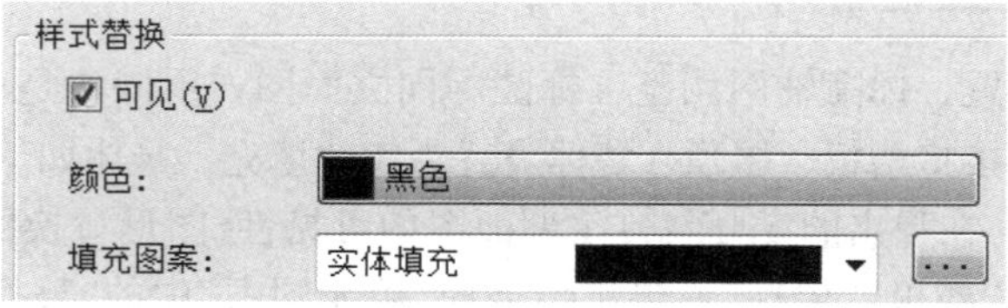

图 16.3.3 样式替换

完成的图形如图 16.3.4 所示，完成的文件见"任务 16\剖面图视图粗略比例填充处理完成.rvt"。

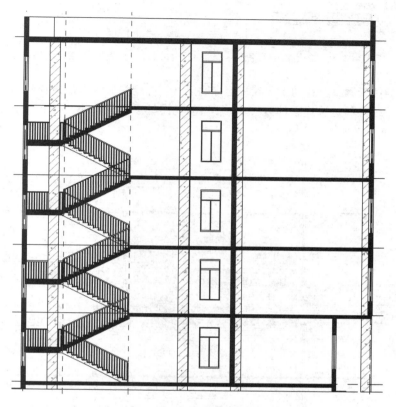

图 16.3.4 剖面视图处理完成

16.4 工作任务："教学楼工程"施工图布图与打印

16.4.1 创建图纸

单击"视图"选项卡"图纸组合"面板中的"图纸"按钮，弹出"新建图纸"对话框，在"选择标题栏"列表中选择"A0 公制"，单击"确定"按钮即可创建一张 A0 图幅的空白图纸。在项目浏览器中"图纸（全部）"节点下显示为"A101-未命名"，将其重命名为"A101-二-五层平面图"（图 16.4.1）。

观察标题栏右下角：因为在项目开始时，已经在"管理"选项卡"项目信息"中设置了"项目发布日期""客户名称""项目名称"等参数，因此每张新建的图纸标题栏将自动提取。

布图与打印

图纸的载入：以二-五层平面图出图为例，直接将项目浏览器"楼层平面"下的"二-五层平面图"拖拽到图框中，松开鼠标即可。

标题线长度的编辑：单击选择拖拽到图框中的"二-五层平面图"，观察到视图标题的标题线过长，选择标题线的右端点，向左拖拽到合适位置。拖拽之后的图形如图 16.4.2 所示。

二-五层平面图

1：100

图 16.4.1　二-五层平面图　　　　图 16.4.2　拖拽右端点到合适位置

标题标题的位置调整：移动光标到视图标题上，当标题亮显时单击选择视图标题（注意：此时是选择视图标题，不是选择整体视图），可移动视图标题到视图下方中间合适位置后松开鼠标。结果如图 16.4.3 所示。

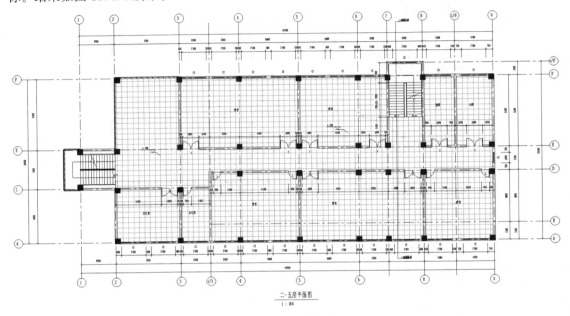

图 16.4.3　图纸布图

同理，可以将其他平面图、立面图、门窗明细表等拖拽到图框中进行编辑、布图。

创建完成的项目文件见"任务 16\二-五层布图完成.rvt"。

16.4.2　编辑图纸中的视图

上小节在图纸中布置好的各种视图，与项目浏览器中原始视图之间依然保持双向关联修改关系，从项目浏览器中打开原始视图，在视图中做的任何修改都将自动更新图纸中的视图。

单击选择图纸中的视图，单击"修改｜视口"上下文选项卡中的"激活视图"按钮或从右键菜单中选择"激活视图"命令。则其他视图全部灰色显示，当前视图激活，可选择视图中的图元编辑修改，这也等同于在原始视图中编辑。编辑完成后，从右键菜单中选择"取消激活视图"命令即可恢复图纸视图状态。

单击选择图纸中的视图，在"属性"选项板中可以设置该视图的"视图比例""详细程度""视图名称""图纸上的标题"等所有参数，等同于在原始视图中设置视图"属性"参数。

16.4.3 打印

在"A101-二-五层平面图"视图中，单击应用程序按钮，在应用程序菜单执行"打印"→"打印"命令，弹出"打印"对话框。

在对话框中设置以下选项：

(1)"打印机"：从顶部的打印机栏"名称"下拉列表中选择需要的打印机，自动提取打印机的"状态""类型""位置"等信息。

(2)"打印到文件"：如勾选该选项，则下面的"文件"栏中的"名称"栏将激活，单击"浏览"按钮，弹出"浏览文件夹"对话框，可设置保存打印文件的路径和名称，以及打印文件类型［可选择"打印文件(.plt)"或"打印机文件(.prn)"］。确定后将，把图纸打印到文件中再另行批量打印。

(3)"打印范围"：默认选择"当前窗口"打印当前窗口中所有的图元；可选择"当前窗口可见部分"则仅打印当前窗口中能看到的图元，缩放到窗口外的图元不打印；可单击"选择"按钮，打开"视图\图纸集"对话框中批量勾选要打印的图纸或视图(此功能可用于批量出图)。

(4)"选项"：设置打印"份数"，如勾选"反转打印顺序"则将从最后一页开始打印。

(5)"设置"：单击"设置"按钮，弹出"打印设置"对话框，设置打印选项。

设置完成后，单击"确定"按钮，即可发送数据到打印机打印或打印到指定格式的文件中。

16.5　工作任务："教学楼工程"导出 DWG 文件

进入到"A101-二-五层平面图"视图中，单击程序主菜单"导出"→"CAD 格式"→"DWG"(图 16.5.1)，弹出"DWG 导出"对话框。

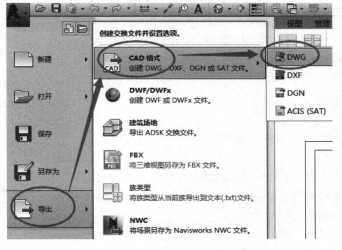

图 16.5.1　导出 CAD

导出 DWG 格式文件

单击对话框"任务中的导出设置"后的按钮(图 16.5.2)，可以进行导出设置。本书暂使用默认值，不进行修改。

在"DWG 导出"对话框中，"导出"下拉列表中默认选择导出"当前视图/图纸"(图 16.5.3)。可以从"导出"下拉列表中选择"任务中的视图/图纸集"，然后从激活的"按列表显示"下拉列表中选择要导出的视图。本书按默认选择导出"当前视图/图纸"。

图 16.5.2　导出设置

图 16.5.3　导出图纸

单击"下一步"按钮，设置导出文件保存路径，设置"文件名/前缀"为"二-五层平面图"，"文件类型"选择"AutoCAD 2010 DWG 文件（＊.dwg)"，命名选择"手动（指定文件名)"，单击"确定"按钮导出 DWG 文件(图 16.5.4)。

完成的项目文件见"任务 16\CAD 导出完成.rvt"，导出的 CAD 文件见"任务 16\二-五层平面图-楼层平面-二-五层平面图.dwg"。

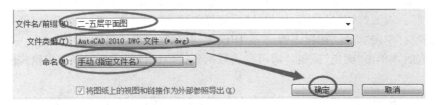

图 16.5.4　导出 CAD 格式

16.6　相关技术：以 DWG 文件为底图创建 Revit 模型

以 DWG 文件为底图的建模方法是："导入"或"链接"DWG 文件，再用"拾取线"的方法以快速创建 BIM 模型。本章以轴网创建为例进行说明。

16.6.1　DWG 文件调整

(1)用 AutoCAD 打开创建完成的"二-五层平面图-楼层平面-二-五层平面图.dwg"。

(2)隔离出轴网：执行"格式"→"图层工具"→"图层隔离"命令(图 16.6.1)，选择任意一根轴线、轴线编号和编号圆圈，按 Enter 键。则轴线图层、轴线编号图层、编号圆圈图层被隔离，结果如图 16.6.2 所示。

以 DWG 文件
为底图建模

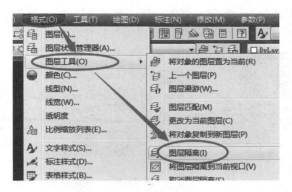

图 16.6.1 "图层隔离"工具

图 16.6.2 轴网隔离

将该 DWG 文件另存为"轴网隔离.dwg"。结果文件见"任务 16\轴网隔离.dwg"。

【提示】执行轴网隔离命令时，要注意"设置(S)"，确保设置为"关闭"，而不是"锁定和淡入"。

16.6.2 导入和链接 DWG 格式文件

"导入"的 DWG 文件和原始 DWG 文件之间没有关联关系，不能随原始文件的更新而自动更新。"链接"的 DWG 文件能够和原始的 DWG 文件保持关联更新关系，能够随原始文件的更新而自动更新。

1. 导入 DWG 底图

(1)新建一个 Revit 项目文件，单击"插入"选项卡"导入"面板中的"导入 CAD"按钮（图 16.6.3），弹出"导入 CAD 格式"对话框。

(2)定位到"任务 16\轴网隔离.dwg"，勾选"仅当前视图"，设置"颜色"为"黑白"，"导入单位"为"毫米","定位"方式为"自动-中心到中心","放置于"默认为当前平面视图"标高1",单击"打开"按钮(图16.6.4)。

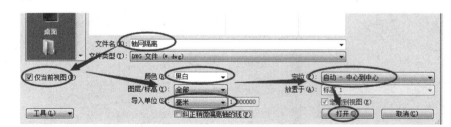

图16.6.3 "导入
    CAD"工具

图16.6.4 导入CAD文件

(3)单击导入的CAD底图,可进行如下编辑:

1)"属性"选项卡中,绘制图层可设置为"背景"或"前景"。本例保持"背景"不变。

2)上下文选项卡中,单击"导入实例"面板中的"删除图层"按钮,勾选要删除的图层名称,单击"确定"按钮,可删除不需要的图层。本例不执行"删除图层"命令。

3)上下文选项卡中,单击"导入实例"面板中的"分解"下拉列表,含"部分分解"和"完全分解"。其中,"部分分解"可将DWG分解为文字、线和嵌套的DWG符号(图块)等图元,"完全分解"可将DWG分解为文字、线和图案填充等AutoCAD基础图元。本例不执行"分解"命令。

(4)单击导入的CAD底图,单击上下文选项卡"修改"面板中的"锁定"(图16.6.5)。

(5)选择东西南北四个立面标记,将其移到DWG文件之外。

(6)创建完成的项目文件见"任务16\导入DWG文件完成.rvt"。

图16.6.5 锁定底图

2. 链接DWG格式文件

(1)新建一个Revit项目文件,单击"插入"选项卡"链接"面板的"链接CAD"按钮(图16.6.6),弹出"链接CAD格式"对话框。

图16.6.6 "链接CAD"工具

(2)定位到"任务16\轴网隔离.dwg",同导入设置一样进行设置(图16.6.4),单击"打开"按钮。

(3)链接的DWG文件,可以同导入的DWG文件一样,设置"属性"选项板参数,"删除图层","查询"图元信息等,但不能"分解"。单击"插入"选项卡"链接"面板的"管理链接"按钮,弹出"管理链接"对话框。单击"CAD格式"标签,单击选择链接的DWG文件,可以进行卸载、重新载入、删除等操作,单击"导入"可以将链接文件转为导入DWG模式(图16.6.7)。

(4)同导入中的操作,对DWG文件进行锁定,将东西南北四个立面标记移到DWG文件之外。

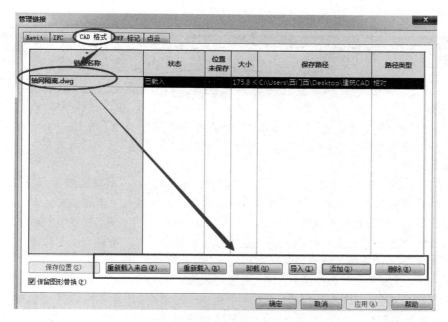

图 16.6.7 管理链接

（5）创建完成的项目文件见"任务 16\链接 DWG 文件完成 . rvt"。

16.6.3 拾取线建模

（1）以 CAD 做底图创建 Revit 图元的步骤与直接创建 Revit 图元的步骤相同，只是在创建图元的过程中，多使用"拾取线"工具。

（2）打开"任务 16\链接 DWG 文件完成 . rvt"，进入到标高 1 楼层平面视图。

（3）输入快捷键"VV"，弹出"可见性/图形替换"对话框，单击"导入的类别"标签，勾选"半色调"（图 16.6.8），单击"确定"退出。

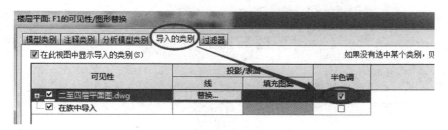

图 16.6.8 半色调

（4）以创建轴线为例：执行"轴网"命令（快捷键为"GR"），采用"拾取线"的方法（图 16.6.9）拾取 CAD 底图上的线，快速创建相应的图元。

其他图元的导入与创建轴线类似，只是在导入或链接 DWG 文件后，通常使用"对齐"命令使导入或链接的 DWG 图纸与 Revit 中的轴网对齐，再利用"拾取线"的方式建模。

图 16.6.9 拾取线创建图元

　　(1)建筑平面图出图视图的创建方法：复制出"出图平面"；输入快捷键"VV"，取消勾选"地形""场地""植物"及"环境"的可见性，以及"参照平面""立面"的可见性；输入快捷键"DI"，进行三道尺寸线标注，包括"单个参照点"标注和"整个墙"标注两种方法；进行高程点标注和添加注释。

　　(2)建筑立面图出图视图的创建方法：复制出"出图视图"；同平面图执行可见性设置；进行轴网标头调整及端点位置调整；添加注释；进行尺寸线标注、高程点标注。

　　(3)建筑剖面图出图视图的创建方法：使用"视图"选项卡"创建"面板"剖面"工具创建出剖面；剖面图的可见性设置、标高轴网调整、标注等同立面图，不同的是可以通过"可见性"设置，直接将楼板、屋顶、墙体设置为实体填充。

　　(4)施工图布图与打印的方法：单击"视图"选项卡"图纸组合"面板中的"图纸"按钮，弹出"新建图纸"对话框，从"选择标题栏"列表中选择"A0 公制"，单击"确定"按钮即可创建一张 A0 图幅的空白图纸；在图纸中载入创建完成的平立剖视图或明细表；编辑标题线长度；调整标题标题位置；在图纸视图中，单击应用程序按钮，在应用程序菜单中执行"打印"命令，进行图纸打印。

　　(5)导出 DWG 文件的方法：进入图纸视图，单击应用程序按钮，在应用序主菜单中执行"导出"→"CAD 格式"→"DWG"，弹出"DWG 导出"对话框；"任务中的导出设置"可设置导出标准及线型等；在"DWG 导出"对话框中，"导出"下拉菜单可选择"当前视图/图纸"或"任务中的视图/图纸集"；单击"下一步"按钮，设置导出文件保存路径、文件类型、命名方式等。

　　(6)以 DWG 文件为底图创建 Revit 模型："导入"或"链接"DWG 文件，再用"拾取线"的方法可快速创建轴网、墙体、门窗等 Revit 模型。

习题与能力提升

　　见"习题与能力提升视频资源库"中的习题视频资源 16。

任务 17 Twinmotion 与 Revit 模型同步

学习目标

（1）掌握 Twinmotion 同步 Revit 的使用方法。
（2）掌握 Twinmotion 的工作界面。
（3）了解 Twinmotion 工作界面所包含的内容。

任务描述

序号	工作任务	任务驱动
1	插件的安装	在 Revit 基础之上安装插件
2	在 Revit 中同步 Twinmotion 的方法	选择项目案例进行同步
3	明晰 Twinmotion 工作界面所含工具	了解 Twinmotion 工作界面包含应用程序按钮、项目浏览器、资源收集器等内容

任务的解决与相关技术

17.1   工作任务：认识软件特征

Twinmotion 为 Abvent 公司旗下，是一款致力于建筑、城市规划和景观可视化的专业 3D 实时渲染软件（图 17.1.1）。与传统的漫长渲染过程相比，Twinmotion 的渲染速度可在几秒钟内导出高质量图像、视频和 360°全景文件。同时，制作导出的 3D 立体视频与 3D 设备（3D 电视、3D 投影仪等）结合后，能够带来逼真体验。

图 17.1.1   建筑可视化

彩图

使用 Twinmotion，可以在几分钟内就为项目创建高清图像、高清视频。通过安装单机版，可以随时导出项目为 .exe 文件，该文件可以作为交互 3D 模型在任何一台 PC 上运行而不需要依赖软件。

Twinmotion 实时沉浸式 3D 建筑可视化能在几秒内轻松快捷地制作出高品质图像、全景图像、规格图或者 360°VR 视频。Twinmotion 结合最直观的图标式界面和虚幻引擎的力量，适合建筑、施工、城市规划和景观领域的专业人士的使用。

【注意】2019 版本有此功能，之后版本没有。

17.2　相关技术：软件的下载和同步方法

17.2.1　Twinmotion 软件的特点

在 Twinmotion 中可以使用安装在 Revit 上的导入 Twinmotion 的插件，如图 17.2.1 所示，可以使 Revit 与 Twinmotion 实时同步修改。安装完成后，在 Revit 工具栏会出现如图 17.2.2 所示工具。

【注意】此插件只支持 2017 Revit 及以上版本。

DirectLink-Revit_Twinmotion_Rvt17-20_2019.46.5410.21_setup

图 17.2.1　插件

图 17.2.2　Revit 工具栏增加 Twinmotion

17.2.2　Twinmotion 软件的下载

在 Twinmotion 官网可以下载最新的插件进行安装，如图 17.2.3 所示。

17.2.3　Twinmotion 同步 Revit 使用方法

在 Revit 中单击"Twinmotion"，如图 17.2.4 所示，出现如图 17.2.5 所示的三个命令，即"在 Twinmotion 中浏览""设置""导出"。

图 17.2.3 下载插件界面

Twinmotion 同步
Revit 方法一导出

图 17.2.4 同步 Twinmotion

图 17.2.5 在 Twinmotion 中浏览

(1)"导出",是把当前的 3D 模型导出成为一个.fbx 的格式文件,如图 17.2.6 所示。

1)第一个"导出",如图 17.2.7 所示,"导出可见项"选择项。在作图过程中,一般选择"导出可见项",如果想导出一些特别的物体,就需要选择那部分的物体单击选择"导出"中的"导出选中项"。

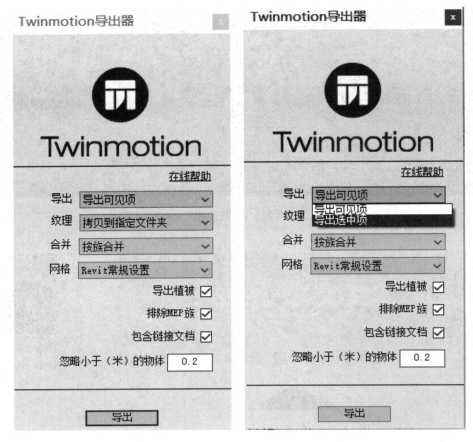

图 17.2.6　导出器　　　　　　　　　图 17.2.7　导出

2）第二个"纹理"，这个是比较重要的！在 Revit 中看到的一些材质，如灰色的屋顶、黄色的地板、透明的玻璃，在 Twinmotion"纹理"一栏，如图 17.2.8 所示，从中可以看到"不导出""拷贝到指定文件夹""集合到保存文件"三个选项。在使用 Twinmotion 时建议使用"集合到保存文件"比较好，这就是把纹理集合到保存文件。尽管有时候会用不上，但毕竟 Twinmotion 里面的材质比 Revit 中的材质要漂亮很多，如果不使用"导出"的话，模型导入 Twinmotion 之后就会变成一个灰秃秃的样子，什么地方应该是什么样子连自己也是不知道的。"纹理"导进去后最主要的还是为了参考，所以选择"集合到保存文件"。

3）第三个"合并"，如图 17.2.9 所示，有"按材质合并""按族合并""无"三个下拉选项。如果选择"无"它们就不合并，如同样颜色的两块玻璃，会被分成两个不同的构件，可以被单独选择，这样在 Twinmotion 里面赋材质就很不方便，这样的玻璃如果一块一块地赋材质很麻烦。如果选择"按族合并"，所有的玻璃都会合并成一块。

这也有一个问题，例如，有两个椅子它们的族是一样的但是材质不一样，如果"按族合并"后，一赋材质这两个椅子同时更改。如果在所作的项目里面不存在同样的族材质也不一样的情况下就可以选择"按族合并"。

在项目应用中，最常用的是"按材质合并"，用这种方法赋材质最方便最快，缺点就是一改全都得改。以 Twinmotion 来说这种方法还是最方便的。

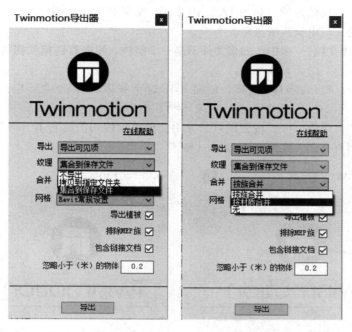

图 17.2.8　纹理　　　　　　　　图 17.2.9　合并

4）第四个是"网格"，如图 17.2.10 所示，单击下拉按钮，下拉列表中会出现"优化模型"和"Revit 常规模型"，如果是模型很大的话可以选择"优化模型"，但是普遍选择"Revit 常规模型"。

5）接下来就是"导出植被"，由于案例文件中没有，所以不需要导出，并且在 Twinmotion 里面的植被要比 Revit 中的植被要丰富漂亮。可以不用勾选，如图 17.2.11 所示。

图 17.2.10　网格　　　　　　　图 17.2.11　导出植被

6）重要的就是"排除 MEP 族"这一项，在老版本的插件这一项是不存在的，机电导不出去。

在新版本插件中还是比较好的，如图 17.2.10 所示。如果需要导出机电管线一定不要勾选这一项，如果项目中没有机电管线请忽略。

7)在"包含链接文档"一项中，如果文件不是一个整体，里面有链接文档需要勾选这一选项，如图 17.2.12 所示。

8)"忽略小于（米）的物体"选项，就是小于这个长度的不会被导出。建议输入零，如图 17.2.13 所示。

完成以上操作，单击"导出"按钮即可。导出文件建议使用的是它本身的英文名，包括文件的路径也是最好用英文名。文件格式为 .fbx 格式。

图 17.2.12　包含链接文档　　　　图 17.2.13　忽略小于多少(米)的物体

(2)如图 17.2.14 所示，"设置"是独立出来的，里面的"设置"也有之前讲过的命令设置，在此不做重复讲解，如图 17.2.15 和图 17.2.16 所示。

图 17.2.14　设置

Twinmotion 同步
Revit 方法一设置

图 17.2.15　同步设置

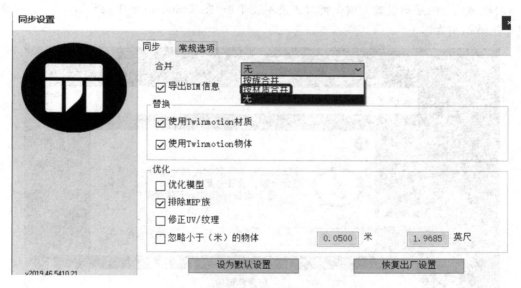

图 17.2.16　按材质合并

　　1）值得注意的是，如图 17.2.16 所示，在这个"合并"选项中选择"无"的话，可以在 Twinmotion 里给其他人展示 BIM 信息。

　　2）当然根据作图的需求，为了方便赋材质的话还是选择"按材质合并"。

　　3）在"替换"一栏中保持默认的一个状态就行，因为 Revit 中的材质也不可能与 Twinmotion 里面材质相同。

　　4）"优化模型"可以勾选。"修正 UV/纹理"，可以在 Twinmotion 里面进行修改纹理。

　　5）如图 17.2.17 所示，"通讯端口"使用默认。

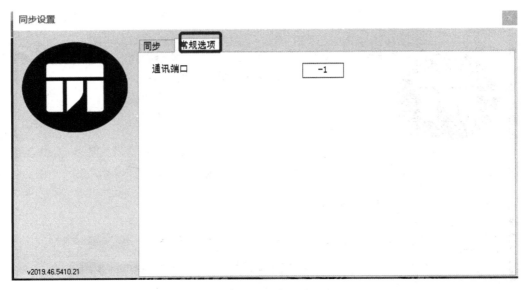

图 17.2.17　常规选项

(3)经过以上的基本设置完成，暂时还是不能单击"在 Twinmotion 中浏览"，因为会出现如图 17.2.18 所示界面。

图 17.2.18　结果

要把 Twinmotion 运行后才可以识别进行同步。而且注意刚才导出了一个 .fbx 的文件是直接可以从 Twinmotion 里面导入的，建议先通过"在 Twinmotion 中浏览"，因为模型一开始可能会出现一些问题，每次出现问题都要回到 Revit 中进行修改会很麻烦，所以要先在 Twinmotion 里面浏览发现问题直接修改，修改好了就可以导出最终修改完成的版本。

再打开 Twinmotion，接着单击"在 Twinmotion 中浏览"，如图 17.2.19 和图 17.2.20 所示，会出现提示需要保存为新的项目。

图 17.2.19　同步链接　　　　　　　图 17.2.20　项目同步中

总　　结

在 Twinmotion 中可以使用安装在 Revit 上的导入 Twinmotion 的插件进行导入，可以使 Revit 与 Twinmotion 实时同步修改。安装完成后在 Revit 工具栏会出现带有 Twinmotion 字样的工具栏即为安装成功。注意：此插件只支持 Revit 2017 及以上版本。

单击工具栏上的"Twinmotion"出现三个命令，分别是"在 Twinmotion 中浏览""设置""导出"。一般来讲，在作图时"导出"应用得最为广泛，里面又包含以下几个命令。第一个"导出可见项"选择项。在作图过程中，一般选择"导出可见项"，如果想导出一些特别的物体，就需要选择那部分的物体单击"导出"中的"导出选中项"，这个用得比较少。第二个"纹理"，这个是比较重要的！例如 Revit 中看到的一些材质，如：灰色的屋顶、黄色的地板、透明的玻璃，都是"纹理"。在"纹理"中可以看到三个选项"不导出""拷贝到指定文件夹""集合到保存文件"。在使用 Twinmotion 时建议使用"集合到保存文件"比较好，这就是把纹理集合到保存文件。尽管有时候会用不上，但毕竟 Twinmotion 里面的材质比 Revit 中的材质要漂亮很多，如果不使用"导出"的话，模型导入 Twinmotion 之后就会变成一个灰秃秃的样子，什么地方应该是什么样子自己也不知道。"纹理"导进去后最主要的还是为了参考，所以选择"集合到保存文件"就可以了。第三个"合并"，又分为"按材质合并""按族合并""无"三个下拉选项。如果选择"无"它们就不合并，如同样颜色的两块玻璃，会被分成两个不同的构件，可以被单独选择，这样在 Twinmotion 里面赋材质就很不方便，这样的玻璃如果一块一块地赋材质很麻烦。如果选择"按族合并"，那么所有的玻璃都会合并成一块。

习题与能力提升

见"习题与能力提升视频资源库"中的习题视频资源 17。

任务 18 Twinmotion 界面认识

学习目标

(1)掌握软件的保存、打开、导入和退出等基础命令的方法。
(2)掌握资源收集器、材质资源库、项目浏览器的使用方法。
(3)了解 BIM 数据的使用。
(4)掌握时间的变化、光线、视线调整的方法。

任务描述

序号	学习任务	任务驱动
1	软件的一些基本操作方法	1. 掌握在 Twinmotion 导入、保存教学楼案例； 2. 掌握在 Twinmotion 打开、退出教学楼案例
2	资源收集器、材质资源库、项目浏览器的使用方法	1. 掌握在教学楼案例中打开资源收集器； 2. 掌握在教学楼案例中打开材质资源库； 3. 掌握在教学楼案例中打开项目管理器
3	BIM 数据的使用及时间、光线的调整方法	1. 掌握在教学楼案例中打开 BIM 数据； 2. 掌握在教学楼案例中调整时间、光线和视线

任务的解决与相关技术

18.1 工作任务：掌握软件界面常用工具

工作内容：

基于给定的教学楼案例，学会软件的保存、打开、导入和退出等基础命令，学会使用资源收集器、材质资源库、项目浏览器，学会使用时间的变化、光线、视线调整。

操作思路：

(1)打开 Twinmotion 软件，单击"文件"按钮，根据需要执行"保存""退出"等命令。

(2)打开 Twinmotion 软件，单击"编辑"按钮，根据需要执行"资源收集器"命令。

(3)打开 Twinmotion 软件，单击"材质资源库"按钮，根据需要赋予物体材质、放置物体、

工作任务：掌握
软件界面常用工具

放置行人等作图资源。

（4）打开 Twinmotion 软件，单击"项目浏览器"按钮，根据需要进行"阶段划分""BIM 数据"等操作。

操作步骤：

双击桌面上生成的 Twinmotion 快捷图标，打开软件之后的界面，如图 18.1.1 所示。

图 18.1.1　Twinmotion 界面

18.1.1　保存、打开、导入、退出

在软件操作界面有最基础的保存、打开、导入、退出等一些操作，如图 18.1.2 所示，这与其他软件的使用方法是一样的，在此不做介绍。

图 18.1.2　基础操作

18.1.2　资源收集器

在"编辑"命令中有以后用到的一些快捷键操作命令，其中"资源收集器"是比较常用的。例如做完某个项目，保存了这个文件，然后想给其他人使用或者观看，是打不开的。因为这个文

件就是开始打开的以.tm为后缀的文件类型，它是不包含里面的模型、材质这些内容的。如果想看到这些内容，需要保存整个文件包，那就需要换一种方法，用到"资源收集器"这个命令，就可以在其他计算机上打开文件，如图18.1.3所示。

图18.1.3　资源收集器

单击"整合.tm文件"按钮，选择保存的路径，如果单击"整合未使用的材质"按钮，就可以继续修改"赋予材质"，然后单击"取消"按钮退出。

18.1.3　材质资源库

如图18.1.4所示，单击箭头所指三角符号，可以使隐藏的资源库拉出来，如图18.1.5所示，再单击一下就可以隐藏起来，回到如图18.1.4所示界面。

材质资源库

图18.1.4　隐藏材质资源库

图18.1.5　打开材质资源库

想要向Twinmotion中导入什么，就可以在这个资源库中寻找。赋予物体材质、放置物体、放置行人，包括一些特殊的功能，如加个剖面、放个水。总的来说就是需要用到的所有东西基本上都在这个资源库里面，也可以把自己的资源导入进来存在里面，在作图的时候使用。

18.1.4　项目浏览器

如图18.1.6所示，单击图上三角符号，打开的是一个项目浏览器，相当于Revit中的项目浏览器，这里面的文件夹都是一层一层的，这里面的分类，都是按照导出设置来的，后面会介绍对这些文件夹的操作。

在这个项目浏览器下面，有一个"阶段划分"命令，如图18.1.7所示，这是做施工动画用到的，比如进行到第10秒有一个东西出现了，第12秒又有

项目浏览器

一个东西出现了，它是通过这个阶段划分来实现的。

图 18.1.6　项目浏览器

图 18.1.7　阶段划分

18.1.5　BIM 数据

如图 18.1.7 所示，"数据"命令下面还有一个子命令"BIM 数据"，这个命令的用法是：如果导出的时候勾选了这个命令中的"导出 BIM 信息"，就可以查看 BIM 数据，如图 18.1.8 所示。

同步一下，单击"导出 BIM 信息"按钮，选择其中一个构件，会出来想要的信息，如图 18.1.9 所示。

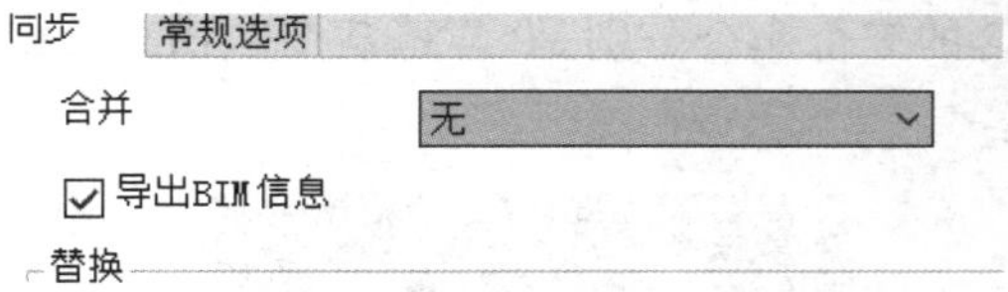

图 18.1.8　BIM 数据

图 18.1.9　导出 BIM 信息

如图 18.1.10 所示，"变形"就是模型的位置、旋转、尺寸等操作，后面会介绍。

如图 18.1.11 所示，"数据"是实时地检测计算机的运行的情况。

图 18.1.10　变形

图 18.1.11　数据

时间的变化、
光照、视线

18.1.6 时间的变化、光照、视线

如图 18.1.12 所示，介绍箭头所指的"小眼睛"图标。

如图 18.1.13 所示，在这个里面包含与"时间"这个命令相关的变化、光照等命令的使用。

图 18.1.12 时间、光照

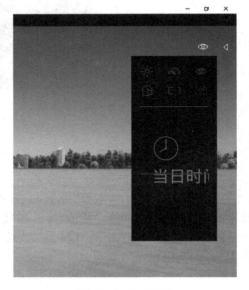

图 18.1.13 时间

如图 18.1.14 所示，这个图标是"设置速度"，即视角平移速度的快慢，选择汽车表示要求速度快，选择自行车表示速度中等，选择鞋表示速度很慢。

如图 18.1.15 所示，这个小眼睛里面竖向包含的三个命令分别是"屏幕截图""BIMmotion""BIMmotionVR"，在后面章节会介绍这些命令。

图 18.1.14 设置速度

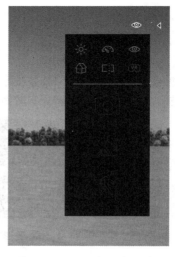

图 18.1.15 "小眼睛"图标

18.2   相关技术：偏好设置

利用软件的"编辑"里面的"偏好设置"，来更改偏好，如图18.2.1所示。

图18.2.1   "编辑"→"偏好设置"   相关技术：偏好设置

单击"偏好设置"按钮，显示如图18.2.2所示。

如图18.2.3所示，在"偏好设置"里面的单位制一定要和Revit中的单位统一。

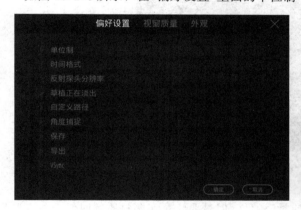

图18.2.2   偏好设置   图18.2.3   单位制

如图18.2.4所示，"时间"使用默认的24小时即可。

如图18.2.5所示，"反射探头"主要是用来做镜面反射的，这个翻译有点问题，用到它的时候再说。

图18.2.4   时间   图18.2.5   反射探头

如图18.2.6所示，保存可以勾选"自动保存"，这样就不会担心软件崩掉忘记保存情况。

图 18.2.6　偏好设置-保存

如图 18.3.1 所示，"视窗质量"可以更改画质视觉。

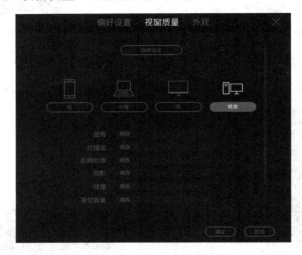

图 18.3.1　视窗质量

　　如果计算机很卡、很烫，可以把"视窗质量"调低。但是要注意在调材质的时候，一定要把它调高，否则材质显示起来是错误的。在后面章节介绍调动画、调路径或调一些视角的时候可以把它临时调低，在低的情况下操作起来就很流畅。

18.4　相关技术：外观

　　如图 18.4.1 所示，"外观"基本上使用默认的即可，要注意的是"脚步声音"，如图 18.4.2 所示，里面几个选项，对应的是脚步声音的声音数量。在做漫游的时候，假如走到这个地方，它会自动地切换为相应的声音，然后脚步声音量也就是音量的调节。

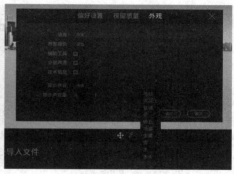

图 18.4.1　外观　　　　　　　　　　　图 18.4.2　脚步声音设置

18.5　相关技术：鼠标和键盘操作

Twinmotion 的这些操作与 Revit 和其他渲染软件不太一样，如图 18.5.1 所示，它和 Lumion 的操作比较像，而整个 Twinmotion 的操作与玩游戏有点像，如果经常玩游戏肯定会很熟悉，上手操作较快。如键盘的 W 键往前走、S 键往后退、A 键往左、D 键往右。

按住鼠标右键就是原地移动的视角，旋转，往上看、往下看、往前看、往后看。配合 WASD 与鼠标右键就可以在里面走动了，全方位地观察。

按住鼠标中键是在场景里平移，左右移动和上下平移。左右平移相当于 AD 键，上下平移相当于 QE 键。

按住 Shift＋鼠标中键，观察时可以以上帝视角对模型进行旋转观察。

有时候会退到一个比较远的地方来观察模型，如果按 W 想回去会很慢，按住 Shift＋W＋鼠标滚轮进行前进操作，这样会比较快。

有时候按住 WASD 会不管用了，这个时候注意要把输入法切换成英文状态，在中文状态下可能会冲突，另一种可能就是软件 BUG，这样通过 Alt＋Tab 键切换出去然后再切回来按键会管用。

相关技术：鼠标
和键盘操作

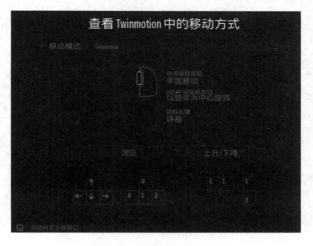

图 18.5.1　鼠标和键盘操作

　　软件的一些基本操作方法，单击"文件"、单击"编辑"会出现相应的操作命令，都是在使用过程中需要经常用的基本操作。打开 Twinmotion 软件，单击"文件"按钮，根据需要单击"保存""退出"等按钮。打开 Twinmotion 软件，单击"编辑"按钮，根据需要单击"资源收集器"按钮。打开 Twinmotion 软件，单击"材质资源库"按钮，根据需要赋予物体材质、放置物体、放置行人等作图资源。打开 Twinmotion 软件，单击"项目浏览器"按钮，根据需要进行"阶段划分""BIM 数据"等操作。

　　"材质收集器"，做完某个项目，将文件保存，然后想给其他人使用或观看，这是打不开的。因为这个文件就是开始打开的以 .tm 为后缀的文件类型，它是不包含里面的模型、材质这些内容的。如果想看到这些内容，需要保存整个文件包，那就需要换一种方法，用到"资源收集器"这个命令，就可以在其他计算机上打开文件。

　　"项目浏览器"相当于 Revit 中的项目浏览器，这里面的文件夹都是一层一层的，这里面的分类，都是按照导出设置来的。

　　"材质资源库"就是想往 Twinmotion 里面导入资源，就可以在这里面寻找。赋予物体材质、放置物体、放置行人，包括一些特殊的功能，加个剖面、放个水。总的来说就是需要用到的所有东西基本上都在这个资源库里面，也可以把资源导入进来存在里面，在作图的时候使用。

　　"编辑"→"偏好设置"，"视窗质量"，"外观"里各种命令也是在作图过程中经常使用的命令。

习题与能力提升

　　见"习题与能力提升视频资源库"中的习题视频资源 18。

任务 19　Twinmotion 模型处理

学习目标

(1)掌握检查模型冲突、重叠的方法。
(2)掌握项目浏览器排查问题使用方法。
(3)解决问题重新同步。
(4)掌握 fbx 导入注意事项。

扫码浏览本章彩图

任务描述

序号	学习任务	任务驱动
1	检查模型冲突、重叠的地方	1. 检查在 Twinmotion 教学楼案例中的模型冲突； 2. 检查在 Twinmotion 教学楼案例中的重叠
2	项目浏览器排查问题	根据检查结果进行问题排查
3	解决问题重新同步	掌握教学楼案例重新同步
4	fbx 导入注意事项	掌握教学楼案例导出 fbx 格式注意事项

任务的解决与相关技术

19.1　工作任务："教学楼工程"处理模型

工作内容：

基于给定的教学楼案例，学会处理模型，检查模型冲突、重叠的地方，并根据问题进行排查，然后再重新同步。首先对在 Revit 中同步过来的模型进行错误的检查和更改。这样能够帮助快速地发现问题、解决问题，在 Revit 中修正好后再同步到 Twinmotion。另外还是需要把模型修改完成后在 Twinmotion 导出一个 .fbx 的正式文件，这样就可以避免以后用到模型的时候还需要打开 Revit 后再同步到 Twinmotion 的操作。

操作思路：

(1)打开 Twinmotion 软件，导入教学楼案例。

(2)该删的东西要删干净，一般就是前面章节介绍的植物、人物、汽车等。家具要根据使用情况决定。

(3)检查重合的面。根据修改好模型重新同步。

操作步骤：

双击桌面上生成的 Twinmotion 快捷图标，导入教学楼案例，如果出现如图 19.1.1 所示情况，有黄色高闪说明在 Revit 建模过程中是有问题的，需要对模型进行修改。

图 19.1.1　问题模型

19.2　　相关技术：检查模型

19.2.1　检查模型冲突、重叠

首先检查该删除的东西有没有删除干净，如植物、人物、汽车等，里面的家具可以看用户情况。

首先，Revit 中的家具肯定没有 Twinmotion 的质量好，但是也分情况，如果 Revit 本身就是做的精装，那么里面的家具需要严格按照 Revit 的布局来摆放，如此就继续使用这些东西。如果是纯装饰的话，就可以在 Revit 中把它删掉，在 Twinmotion 中使用里面的家具，如图 19.2.1 所示。

图 19.2.1　检查模型-删除

其次，要检查的就是有没有重合的面，这个是非常重要的。如果有地方有一个一闪一闪的面，如图19.2.2所示，即这个地方的镜头一动它就闪，如果不改的话，这个闪动会被带入到动画里去，做出来的动画就会非常难看。如果有一闪一闪的面即表示两个面重合了，需要回到Revit中去查看。

根据个人作图习惯，可以用"隐藏"或"隔离"命令进行查找。在Twinmotion里选择一个东西，界面会高亮出一个黄色的框来提示选择的是什么，右侧的项目栏也停在选择的东西上，单击鼠标查看选中的是什么，如图19.2.3所示，如现在选中的是墙体，可以看到右侧的项目栏里面有一小眼睛的图标（这个小眼睛的图标代表着选择的物体是否显示还是隔离隐藏。眼睛打开就是显示，眼睛不打开就不显示。要回到原来的状态下，重新单击一下原来的操作就行），可以暂时的将选择的面隐藏起来。偶尔会出现bug会需要重新启动一下Twinmotion，按H键也可以临时隐藏，前提是在选择物体的情况下，如果没有选择物体不可进行这个操作。

图19.2.2　检查模型-高闪　　　　　图19.2.3　检查模型-小眼睛

19.2.2　项目浏览器排查问题

此外，还有一种方法就是选中构件或物体，在界面右侧如图19.2.4所示，将鼠标光标放置到"小眼睛"上单击鼠标右键，然后再单击"隔离选择"，除了选中构件或物体的"小眼睛"是打开的，其他的"小眼睛"都是关闭的，如图19.2.5所示。

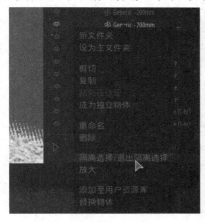

图19.2.4　检查模型-隔离选择　　图19.2.5　检查模型-隔离完成　　项目浏览器排查问题

179

如果想取消隔离，在打开的"小眼睛"构件处单击鼠标右键，出现如图 19.2.6 所示界面，单击"退出隔离选择"，所有的"小眼睛"就重新全部打开，如图 19.2.7 所示。

如图 19.2.7 所示，这个"小眼睛"代表着选择的物体是显示还是隔离隐藏。"小眼睛"打开就是显示，"小眼睛"不打开就不显示。要回到原来的状态下，重新单击一下原来的操作即可。

图 19.2.6 检查模型-退出隔离选择

图 19.2.7 检查模型-小眼睛全部打开

19.2.3 解决问题重新同步

修改完成所有的问题，确定好有没有其他的问题，就可以导出.fbx 的文件，如图 19.2.8 所示。

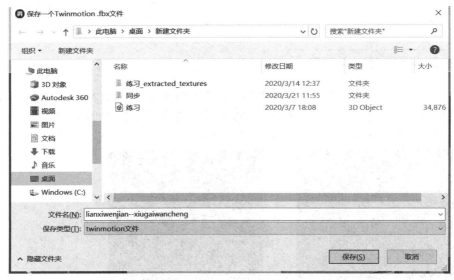
图 19.2.8 重新同步

19.2.4 fbx 导入注意事项

在建模型的时候，在 Revit 中没有使用材质，而是"按类别"导入到 Twinmotion，这样就会按这个类别进行分类。赋予材质的时候不同物体会赋予成一样的材质，例如，盖了一个水塔和放置一个起重机，都没有在 Revit 里面更改材质，在 Twinmotion 里面赋予水塔一个铁的材质，那么起重机也会跟着改变成一样的材质，因为这是根据之前设置的"按材质分类"进行的赋予材质，会把这些模型合并到一起，那么模型建的这个就没有办法分开了，因为它们的类别一样。

这个地方还有一个保留层次，就是在不确定模型材质都修改完成的情况下使用，但是如果选择了这个就没有办法批量地赋材质。

根据个人作图习惯，但是如果 Revit 中所有的材质都赋予好了，就没有问题，可以使用"按材质合并"，如果不确定就选择"保留层次"，如图 19.2.9、图 19.2.10 所示。

图 19.2.9　导入

图 19.2.10　保留层次

总　结

学习软件的使用不需要记住所有的命令，根据模型要求来进行操作即可掌握相应命令。

检查该删除的东西有没有删除干净，如植物、人物、汽车等，里面的家具可以根据用户的情况进行删除。

检查的主要内容是有没有重合的面，这个是非常重要的。如果有一个一闪一闪的面，即这个地方的镜头一动它就闪，如果不改的话，这个闪动会被带入到动画里，做出来的动画就会非常难看。

还有一种方法就是选中构件或者物体，在界面右侧显示的"小眼睛"上单击鼠标右键，然后再单击"隔离选择"，除了选中构件或者物体的"小眼睛"是打开的，其他的"小眼睛"都是关闭的。

习题与能力提升

见"习题与能力提升视频资源库"中的习题视频资源 19。

任务 20　Twinmotion 视角丰富

学习目标

(1)掌握背景图片更换的方法。
(2)掌握视窗质量调整方法。
(3)解决白天、黑夜的调整方法。
(4)掌握天气变化的调整方法。

扫码浏览本章彩图

任务描述

序号	学习任务	任务驱动
1	更换模型背景图片	在 Twinmotion 教学楼案例更换背景
2	调整视图质量	根据模型显示清晰要求调整视图质量
3	调整白天、黑夜	在 Twinmotion 教学楼案例调节白天和黑夜
4	调整天气变化	在 Twinmotion 教学楼案例调整天气变化

任务的解决与相关技术

20.1　工作任务："教学楼工程"丰富模型视角

工作任务：

在 Twinmotion 教学楼案例中更换背景并根据模型清晰度要求调整视窗质量，调整白天黑夜状态和天气变化。

操作思路：

利用"设置"选项卡中的"位置"工具进行视角丰富(注意：有的 Twinmotion 版本此项操作在"加载环境"选项卡中的"城市"工具中操作，请根据所安装版本进行操作)。

操作步骤：

(1)打开 Twinmotion，在左下侧找到"设置"，单击"设置"按钮后弹出如图 20.1.1 所示界面，然后单击"位置"→"背景图片"，切换至如图 20.1.2 所示界面，再单击"城市图片"，可以进行城市、岛城山脉等背景的更换，如图 20.1.3 所示。

图 20.1.1 设置→位置

图 20.1.2 设置→位置→背景图片

图 20.1.3 设置→位置→背景图片→城市

（2）单击"编辑"按钮，再单击"偏好设置"里的"视窗质量"进行清晰度调整，方法之前已经介绍。

（3）单击"时间"按钮，拖动工具条进行白天黑夜调整，如图 20.1.4 所示。

背景图片的更换

图 20.1.4　时间

时间设置

（4）单击"设置"按钮，再单击"天气"，进行晴天、雨天等调整，如图 20.1.5 所示。

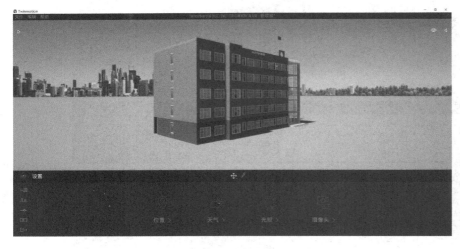

图 20.1.5　天气

天气

20.2　相关技术：背景图片

20.2.1　背景图片的更换

让建筑融入一个环境当中，即使建筑本身做得再精致，但是如果没有一个完美的环境就会感到很突兀没有代入感，做出来的视频非常难看。这一部分内容就开始学习如何丰富场景元素，增强代入感，增加远景环境、近景物品、中景内容、地面、天空，处理建筑与环境的结合。使建筑与环境融为一体可以分为三个步骤来进行：第一个是远景感官，如天空的位置，远处的景色；第二是近景感官，如行人的走动或者小动物以及走到建筑里面有没有摆设等；第三是中景，就是填充远景和近景之间的景色，这一点是很多人在作图时候所忽略的。至于先处理这三个步骤的哪一个根据个人作图习惯决定，先进行哪一个步骤都是可以的，本书先从远景开始介绍，这个操作还是很简单的。

可以使用"设置"选项卡里的"位置"这一操作栏里的"背景图片"工具进行详细的设置（近景和中景操作在下一任务模型操作时介绍）。

单击"背景图片"，出现城市、城镇、乡村等选项供作图时选择背景，如图 20.2.1 所示。

图 20.2.1　背景图片

选择"城镇"会出现如图 20.2.2 所示的城镇背景；选择"乡村"会出现如图 20.2.3 所示的乡村背景。

图 20.2.2　背景城镇

图 20.2.3　背景乡村

选择"岛城"，如图 20.2.4 所示，仅是一个 360°的图片，换到其他角度就没有了，如图 20.2.5 所示。所以先选择使用现在的"城市图片"是比较不错的决定。

图 20.2.4　岛城 1

图 20.2.5　岛城 2

20.2.2　视窗质量影响

设置好背景图片后，根据模型清晰度要求选择"编辑"→"偏好设置"→"视窗质量"，出现如图 20.2.6 所示界面，在这里教学楼模型选择"精致"，然后单击"确定"按钮。如果想要进行后面的时间可以改变，此处需要将"视窗质量"更改为"高"或者"精致"。此处教学楼案例选择"精致"。

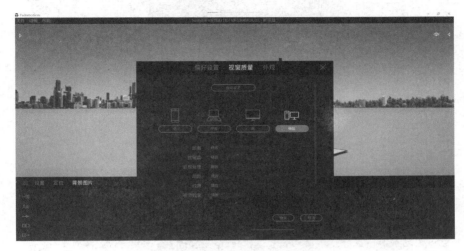

图 20.2.6　视窗质量→精致

20.2.3　凌晨、白天

如图 20.2.7～图 20.2.9 所示，单击右侧的"小眼睛"出现"时间"选项卡，单击鼠标左键选中橙色直线，按住鼠标左键不动，向上或向下拖动橙色直线，橙色显示的时间会跟着变化，同时界面明暗会根据时间调节变化，从 0 点到 24 点实时变化。

图 20.2.7　时间 1

凌晨、白天

图 20.2.8　时间 2

图 20.2.9　时间 3

如图 20.2.10 所示，可以看到远处的城市亮起来了灯光，夜晚还有星空。

图 20.2.10　夜晚时间

模型建筑没有亮起来是因为还没有加灯，这个远景就是主要根据一张360°的图片来改变远景的变换。

天气变换

20.2.4 天气变换

对于天空的更改 Twinmotion 并没有像 Lumion 那样能给出很多很细的天空，在"设置"里找到"天气"，单击进入，如图 20.2.11 所示。

图 20.2.11 天气

选择第一条蓝色竖条单击鼠标左键向右拖动，可以看见界面从晴天到多云到阴天到雨天的变化，它改变的不仅仅只是天气，还有光线照射程度和环境的变换，如图 20.2.12～图 20.2.14 所示。

图 20.2.12 天气-晴天

图 20.2.13　天气-阴天

图 20.2.14　天气-雨天

选择第二条蓝色竖线单击鼠标左键进行拖动，可以进行季节的变化，从夏季到秋季到冬季到春季的循环，如图 20.2.15～图 20.2.18 所示。

图 20.2.15　夏季

图 20.2.16　秋季

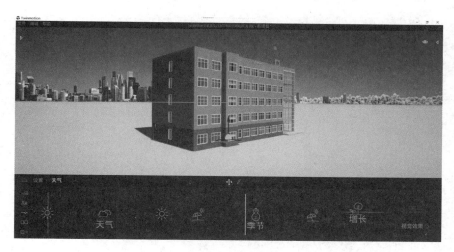

图 20.2.17　冬季

图 20.2.18　春季

天气变化—季节

　　(1)做渲染视频光秃秃的一个建筑、一个场地是不出效果的，需要对建筑更换背景图片，然后调节视窗质量成"高"和"精致"才能更改时间，拖动时间工具条可以进行 0 点到 24 点的时间变化，同时还可以根据模型要求进行天气晴天、多云、阴天、雨天和一年四季的调节。

　　(2)处理远景，可以使用"设置"选项卡里的"位置"这一操作栏里的"背景图片"工具进行详细的设置。单击"背景图片"出现城市、城镇、乡村等选项供作图时选择背景。

　　(3)设置好背景图片后，根据模型清晰度要求单击"编辑"→"偏好设置"→"视窗质量"，将"视窗质量"更改为"高"或者"精致"，时间也可以改变。

习题与能力提升

　　见"习题与能力提升视频资源库"中的习题视频资源 20。

任务 21 Twinmotion 地形

学习目标

(1)掌握设置地形的方法。
(2)掌握设置草地的方法。
(3)解决设置凸起丘陵和凹陷地坑方法。
(4)掌握设置水体的方法。

扫码浏览本章彩图

任务描述

序号	学习任务	任务驱动
1	设置地形	1. 在 Twinmotion 教学楼案例更换平坦地形； 2. 在 Twinmotion 教学楼案例更换丘陵地形
2	设置草地	在 Twinmotion 教学楼案例室外设置草地类型
3	设置凸起丘陵和凹陷地坑	1. 在 Twinmotion 教学楼案例室外设置凸起丘陵； 2. 在 Twinmotion 教学楼案例室外设置凹陷地坑
4	设置水体	在 Twinmotion 教学楼案例室外凹陷地坑设置水体形成海洋、湖泊、水池

任务的解决与相关技术

21.1 工作任务：“教学楼工程”导入地形

工作任务：

创建如图 21.1.1 所示地形。

操作思路：

利用资源库里的命令进行操作，如图 21.1.2 所示。

工作任务：“教学楼工程”
导入地形

图 21.1.1　地形

图 21.1.2　资源库

操作步骤：

单击"小三角"按钮，打开"资源库"，单击"植被和地形"→"地形"→"Flat"，进行地形选择。

改变地形材质

21.2　　相关技术：地形

21.2.1　改变地形材质

利用资源库里的命令进行相应的操作。单击"资源库"按钮，如图 21.2.1 所示，出现"材质"

"植被和地形"等选项卡，这些都是在做渲染过程中经常用到的命令。单击"植被和地形"，出现"Flat"和"Rocky grasslands"两个选项卡。

图 21.2.1　植被和地形

单击"Rocky grasslands"按住鼠标左键不放拖动至作图界面，出现如图 21.2.2 所示界面。

图 21.2.2　Rocky grasslands

单击"Flat"按住鼠标左键不放拖动至作图界面，出现如图 21.2.3 所示界面。

图 21.2.3　Flat

21.2.2 雕刻地形

如图 21.2.4 所示，拉近查看模型，虽然赋予的材质好看，但是它没有真实的凹凸感，依然是平的，并没有真实的草地凸出来。

图 21.2.4 非真实草地

雕刻地形

所以远看虽然可以，但近看就不够精细，其实 Twinmotion 可以做出很逼真的草地的，但前提是要做地形，而不是一个模型。

在"地形"选项卡有"雕刻地形"选项，如图 21.2.5 所示。在"雕刻地形"界面中鼠标光标会变成了一个圆圈，如图 21.2.6 所示。

图 21.2.5 "雕刻地形"图标

图 21.2.6 雕刻地形

可以通过"直径"命令来调节圆环的大小，旁边"强度"命令就是改变强度，"形状"命令就是更改形状，如图 21.2.7 所示。凸起、凹陷等一系列的形状，如图 21.2.8 所示。此教学楼案例没有凸起和凹陷地形，在此不多做赘述。

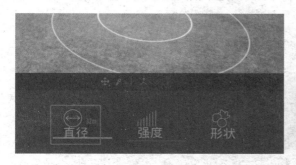 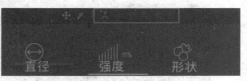

图 21.2.7　"雕刻地形"选项卡下命令　　　　图 21.2.8　凸起、凹陷命令

21.2.3　绘画地形面貌

通过绘图更改地形，需要单击"材质"按钮，绘制出一个需要的地形。

例如，选择一个土地，接下来就要运用鼠标进行描绘地形。单击"资源库"→"材质"→"地面"→"土地"，出现如图 21.2.9 所示界面。

图 21.2.9　土地

然后再单击"绘制"，出现如图 21.2.10 所示界面。根据模型地形需要进行绘制，如图 2.2.11 所示。

图 21. 2. 10　绘制地形

图 21. 2. 11　Grass1

也可以局部描绘出一个地形，如图 21.2.12 所示，例如，把形状改为污点，进行描绘，如图 20.2.13 所示。

图 21. 2. 12　局部绘制

图 21.2.13 污点

手动创建地形最大的优点就是导入的模型没有边界，方便处理中部的景色，这种方式即周边景物，手动创建即可。还有一种情况就是项目需要真实的地理数据，如项目建立在山城，这个地势真实起伏的地方可以导入真实的地形。

导入几何体命令可以将其他软件建立的地形模型导入到 Twinmotion。

"导入"地形，如图 21.3.1 所示，单击打开后，会出现支持的导入模式，如图 21.3.2 所示。

相关技术：真实地形

图 21.3.1　导入地形

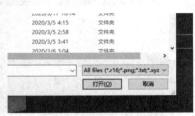

图 21.3.2　地形格式

这几个格式的文件一般是没有办法得到的，但是可以使用 png 的高度图，如图 21.3.3 所示。

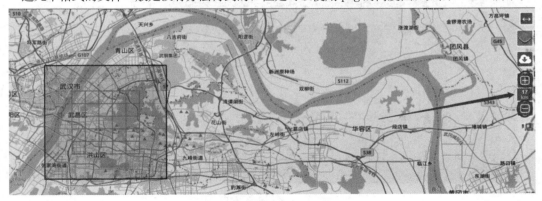

图 21.3.3　png 图

这个案例所在位置是山东省青岛市李沧区九水东路，因此在地图中可以找到，可以加载到模型中，如图 21.3.4 和图 21.3.5 所示。

图 21.3.4　加载地图

图 21.3.5　显示地图

如图 21.3.6 所示，因为选用的是中国地图，所以软件仅限支持出现道路，不会像选择国外地图那样道路和建筑同时出现。

图 21.3.6　九水东路

（1）在 Twinmotion 里面设置地形，要注意在 Twinmotion 里面没有办法更改三维模型的凸凹，没有办法使用"刷子"工具来刷材质，只能赋予统一的材质，这是在操作过程中要谨记的事情。地形可以设置平地也可以设置成凸凹形状的山地，另外根据草地也可以进行真实的模拟效果。

（2）利用资源库里的命令进行相应的操作。单击"资源库"按钮，出现"材质""植被和地形"等选项卡，这些都是在做渲染过程中经常用到的命令。

（3）在"地形"选项卡里会出现"雕刻地形"。在雕刻里面鼠标就变成了一个圆圈了，可以通过"直径"命令来调节圆环的大小，旁边"强度"命令就是改变强度，通过这些操作来更改凸起、凹陷等一系列的形状。

（4）通过绘图更改地形，需要单击"材质"，使用鼠标绘出一个需要的地形。

习题与能力提升

见"习题与能力提升视频资源库"中的习题视频资源 21。

任务 22 Twinmotion 外环境设置

学习目标

(1)掌握设置外环境放置树木的方法。
(2)掌握设置外环境放置光源的方法。
(3)掌握设置外环境放置广告贴图和道路贴标的方法。
(4)掌握设置外环境设置行人路径和车辆路径的方法。

扫码浏览本章彩图

任务描述

序号	学习任务	任务驱动
1	放置树木	在 Twinmotion 教学楼周边放置树木并进行树木大小、间距和季节变化更替
2	放置光源	在 Twinmotion 教学楼室内和室外放置光源
3	放置广告贴图和道路贴标	1. 在 Twinmotion 教学楼室内设置广告贴图; 2. 在 Twinmotion 教学楼室外设置道路贴标
4	设置行人路径和车辆路径	1. 在 Twinmotion 教学楼室内和室外设置行人路径; 2. 在 Twinmotion 教学楼室外设置车辆路径

任务的解决与相关技术

22.1 工作任务:"教学楼工程"外环境设置

工作任务:创建图 22.1.1 所示模型外环境。

操作思路:利用资源库里的命令进行操作,如图 22.1.2 所示。

操作步骤:单击"小三角"按钮,打开"资源库",根据作图需要单击里面的命令进行操作。

图 22.1.1 模型外环境

图 22.1.2 资源库

22.2 相关技术：树木

相关技术：树木

树木的设置利用"资源库"中的"树木"进行操作，根据模型要求选择所需树木拖动至作图界面即可，如图 22.2.1 所示。

图 22.2.1 树木

树的设置也分为"年龄""高度""增长""季节""风"等一系列的操作，如单击"风"命令即开启风，风的开启让树木、树叶更为真实；"季节"命令可以在渲染视频中使用，展现出不同的出图效果，如图 22.2.2 所示，根据作图需要进行树木的调整。

批量复制树木，可使用鼠标左键单击需要复制的树木，高亮显示后单击鼠标右键放置在坐标轴上，按住 Shift 键同时按住鼠标左键，向右移动进行复制，如图 22.2.3 所示。

图 22.2.2　树木的设置

图 22.2.3　批量树木的设置

22.3　相关技术：贴图

贴图有广告贴图和道路贴图两种，图 22.3.1 所示为"资源库"，图 22.3.2 所示为"资源库"中的"广告牌"贴图。

图 22.3.1　资源库

图 22.3.2　资源库-广告牌

22.3.1 贴图广告

可以通过"材质选取器",对广告牌进行选取,可以更改广告牌内的贴图,可以更改亮度,如图22.3.3所示。

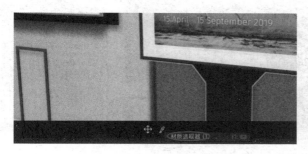

图 22.3.3　材质选取器　　　　　　　　　　　贴图广告

单击贴图名称,选择"打开",可以更改贴图内容,如图22.3.4所示。

图 22.3.4　选择贴图

选择一张之前制作的效果图,如图22.3.5所示,单击"打开"就可以完成对广告贴图的更改,如图22.3.6所示。

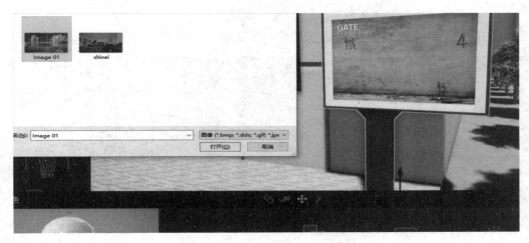

图 22.3.5　选择贴图

图 22.3.6　更改完成

22.3.2　道路贴标

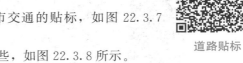

道路贴标

还有一种是道路的贴图，里面包含的是城市交通的贴标，如图 22.3.7 所示。

放置道路贴标，可以让道路变得更加真实一些，如图 22.3.8 所示。

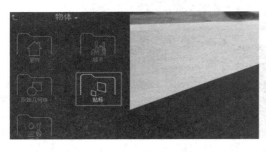

图 22.3.7　道路贴标

图 22.3.8　放置道路贴标

放置井盖，增加场景的真实度，如图 22.3.9 所示。

墙体上面的一些涂鸦，增加墙体的老旧感，如图 22.3.10 所示。

图 22.3.9　放置井盖

图 22.3.10　涂鸦

地面表面的贴图，如图 22.3.11 所示。

图 22.3.11　地面表面贴图

也可以放置一个国旗，如图 22.3.12 所示。

图 22.3.12　国旗　　　　　　　　　　　　　国旗

22.4　相关技术：布置室内家具及光源

22.4.1　家具

通过"材质提取器"单击木地板，再单击右侧的"设置"一栏中的"凹凸贴图"，它的凹凸材质的设置可以使物体的表面更加具有真实的凹凸感，如图 22.4.1 所示。

使用"材质提取器"可以对沙发材质赋予材质库里面的皮毛材质，同理其他物体也是，如图 22.4.2 所示。

图 22.4.1 凹凸贴图命令

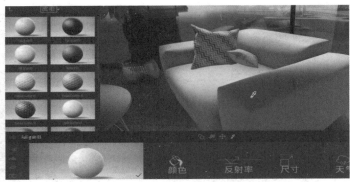

图 22.4.2 更改沙发材质

22.4.2 光源

光源的创建，之前介绍了光线的一种方法，即调节全局光照，还有一种方法就是要创建材质光源，如图 22.4.3 所示。

图 22.4.3 材质光源

来到建筑二层，通过"材质提取器"来更改灯泡，如图 22.4.4 所示。

图 22.4.4 材质提取器

在玻璃里选择一个比较通透的玻璃，如图22.4.5所示，在设置里找到"发光"，如图22.4.6所示。

图 22.4.5　光源材质提取器

图 22.4.6　发光灯源

这样就更改完成了对灯泡的发光材质设置，如图22.4.7所示。可以调到夜晚去观察，应注意的是由于是按材质进行的分类，灯泡都已经修改完成，如图22.4.8所示。

图 22.4.7　灯源更改完成

图 22.4.8　夜晚光源

这样会发现材质发光夜晚的效果不好，接着来介绍另一种光源创建，如图 22.4.9 所示。

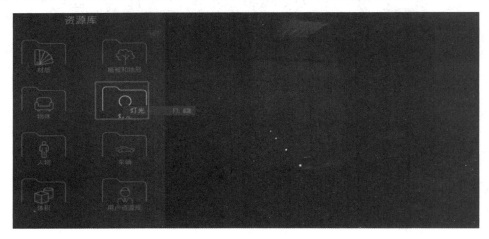

图 22.4.9　资源库-灯光

通过"资源库"里的灯光来添加光源，要注意的是里面也分为多种光源照射，建议都要尝试试验一次，在此不多做介绍。

22.5　相关技术：人物、车辆

22.5.1　人物

首先要找到资源库里的"人物"，如图 22.5.1 所示。这里有作图需要用到的"人物"，如图 22.5.2 所示。

图 22.5.1　资源库-人物

图 22.5.2　人物-人物

人物可以通过衣服颜色来修改，可以更改姿势来选择动画种类，如图 22.5.3 所示。

图 22.5.3　姿势

在"人群"里面放置的人物基本上是没有重复的，随机生成，如图22.5.4所示。

图 22.5.4　人群

22.5.2　人群路径的设置

还有另外一种布置人物的方式，即设置路径，路径的绘制在"城市"选项中，如图22.5.5所示，人物和车都能动起来，但是这个路径用起来要注意一点就是千万不要设置得太短，要长一点，否则路径人物走到尽头就突然消失不见，让人感觉会很突兀，路径长一点人就不会突然消失。

路径设置有"行人路径""车辆路径""自行车路径""自定义路径"四种，如图22.5.6所示。

人群路径的设置

图 22.5.5　城市-路径

图 22.5.6　四种路径

设置"行人路径"，激活下方"小钢笔"图标，在地面绘制路径，如图22.5.7所示。

打开"行人路径"显示如图22.5.8所示，包括人物的"种类"，"服装"的类型，道路的"宽度"，人群的"密度"，人物方向走势，行走还是停滞。

图 22.5.7　行人路径

图 22.5.8　行人路径种类

22.5.3　车辆

汽车的行驶路径与行人的路径绘制方法一样，也要注意绘制要长一点。当然汽车路径设置也基本上和人物路径的是差不多的，包括行数、双车道、车道间距、密度、速度、方向等，如图22.5.9所示。

图22.5.9　车辆　　　　　　　　　　　　　　车辆

总　结

(1)在Twinmotion里面设置外环境，可以在室外加草地、树木、喷泉等，室内和室外设置灯光，室内和室外设置广告贴图，室外设置道路贴标，室内和室外设置行人路径，室外设置车辆路径。

(2)树木的设置利用"资源库"中的"树木"进行操作，根据模型要求选择所需树木拖动至作图界面即可。树的设置也分为"年龄""高度""增长""季节""风"等一系列的操作，如单击"风"命令即开启风，风的开启让树木、树叶更为真实，"季节"命令可以在渲染视频中使用，展现出不同的出图效果。

(3)通过"材质选取器"，对广告牌进行选取，可以更改广告牌内的贴图，也可以更改亮度。通过单击贴图名称，选择"打开"可以更改贴图内容。还可以放置道路图标、井盖、涂鸦等。

(4)通过"材质提取器"单击木地板，再单击在右侧设置一栏中的"凹凸贴图"，凹凸材质的设置可以使物体的表面更加具有真实的凹凸感。同理，其他材质也采取同样操作方法。

(5)通过"资源库"里面的灯光来添加光源，要注意的是里面也分为多种光源照射，依照工程作图实际情况选用不同的光源设置。

(6)通过"资源库"里面的人物，可以更改衣服颜色和姿态，包括人种，可以设置人群路径。车辆路径的方法同人群路径，都尽量增长路径不要设置得太短。

习题与能力提升

见"习题与能力提升视频资源库"中的习题视频资源22。

任务 23　Twinmotion 照片、动画、交付包、施工成果的输出

学习目标

(1) 掌握照片创建方法。
(2) 掌握关键帧方法。
(3) 掌握分镜头创建方法。
(4) 掌握施工动画的创建方法。

扫码浏览本章彩图

任务描述

序号	学习任务	任务驱动
1	创建照片	创建教学楼案例不同角度照片
2	创建关键帧	创建教学楼案例不同角度关键帧
3	创建分镜头	创建教学楼案例分镜头
4	创建施工动画	会使用施工动画阶段划分

任务的解决与相关技术

23.1　工作任务："教学楼工程"制作照片和动画

工作任务：

制作如图 23.1.1 所示照片和动画。

图 23.1.1　外环境照片

操作思路：

利用"相机"选项卡中的工具创建。

操作步骤：

单击"相机"选项卡，利用里面工具栏进行命令操作。

完成的项目文件见"任务23\材质.tm，树.tm，人.tm，车.tm，项目.rvt，地面.tm，墙体.tm，屋顶.tm"。

23.2 相关技术：Twinmotion 照片

23.2.1 照片设置

如图23.2.1所示，单击"媒体"标签，出现"图片""全景图片""动画""阶段划分""演示者"命令。这四个命令的意思分别为：创建静态图；创建全景图；创建动画；创建一个exe的交付包，供其他人查看。

图 23.2.1　照片设置

照片设置就是利用"图片"选项卡里的命令进行模型编辑。如图23.2.2所示，单击"图片"里的"创建图片"，出现如图23.2.3所示界面。根据作图需要可以在不同的地点创建图片，单击所创建的图片就会转到相应的视图，如图23.2.4所示。注意，照片可以单独设置时间，单击"时间"进行修改，如图23.2.5所示。

图 23.2.2　图片

照片设置

创建图片

图 23.2.3　创建图片

图 23.2.4　视角转换

图 23.2.5　照片时间更改

单击如图 23.2.6 所示的按钮，可以进行重命名、删除、复制。

图 23.2.6　重命名、删除、复制

如图 23.2.7 所示，红框内"旋转"符号，意思是可以刷新视角，在选择一个照片的情况下，如果换一下位置，那么就单击"旋转"命令即更换好位置。

图 23.2.7　旋转命令

如图 23.2.8 所示，也可以打开更多的设置，出现如图 23.2.9 所示界面。

图 23.2.8 "更多"命令

图 23.2.9 更多界面

23.2.2 分镜动画编辑

首先，创建动画，如图 23.2.10 所示，找到创建动画的位置按钮，如图 23.2.11 所示(此步骤为第一个镜头第一帧的创建)。

分镜动画编辑

图 23. 2. 10　动画

图 23. 2. 11　创建动画

　　动画的操作，即创建后进行编辑修改，创建第一个起始位置，如图 23.2.12 所示，可以行走到某一位置来添加这个片段的另一个关键帧。

图 23.2.12　第一个镜头第一帧

23.2.3　关键帧创建

（1）第一个镜头第二帧。通过移动的方式移动到第二个位置来单击右下方的"加号"进行添加第二个关键帧，这个关键帧添加几个都可以，也可以修改片段时长，如图 22.2.13 所示。

图 23.2.13　第一个镜头第二帧

（2）第一个镜头第三帧。如图 23.2.14 所示是由三个关键帧来构建的一个镜头，这样就构成了第一个镜头。

关键帧创建

图 23.2.14　第一个镜头第三帧

创建第二个镜头，单击"创建片段"即可，如图 23.2.15 所示。按照第一个镜头的创建过程，完成第二个镜头的创建，如图 23.2.16 所示。

图 23.2.15　第二个镜头第一帧

图 23.2.16　第二个镜头第三帧

23.2.4　片段的剪辑

两个镜头创建完成，要把它们合在一个动画里，需要运用动画里的"编辑"命令进行操作。因为已经创建了两个镜头，这个地方已经高亮起来，如图 23.2.17 所示，显示可以进行编辑了。创建的两个镜头已经显示在编辑里面，这样就可以组合动画，如图 23.2.18 所示。

图 23.2.17　创建动画

单击"创建动画"，然后把第一个镜头拖到右侧，把第二个镜头拖到第一个镜头的右侧，这样就完成了编辑，如图 23.2.19 所示。

图 23.2.18　动画编辑

图 23.2.19　编辑完成

23.3.1 分镜思路

分镜动画可以使用总分总、由远及近和总的方式，如图 23.3.1～图 23.3.3 所示。

图 23.3.1 分镜动画-总分总

分镜思路

图 23.3.2 分镜动画-远近

图 23.3.3　开头"总"

（1）第一个镜头创建了三帧，是对教学楼的整体环视一遍，这个为一个开头"总"。

（2）第二个镜头分为三帧，这个地方是对右边部分建筑景物的环视，这一个为"分"，如图 23.3.4～图 23.3.6 所示。

图 23.3.4　第二个镜头分 1

图 23.3.5　第二个镜头分 2

图 23.3.6　第二个镜头分 3

（3）第三个镜头给了教学楼的中部，一个平移的操作，这一镜头为"分"，如图 23.3.7～图 23.3.9 所示。

图 23.3.7　第三个镜头分 1

图 23.3.8　第三个镜头分 2

图 23.3.9　第三个镜头分 3

（4）第四个镜头给了我们一层内部，一个横向的平移，为"分"，如图 23.3.10 和图 23.3.11 所示。

图 23.3.10　第四个镜头分 1

图 23.3.11　第四个镜头分 2

(5)第五个镜头给的是一次中部内景，用到左右旋转，为"分"，如图 23.3.12～图 23.3.14 所示。

图 23.3.12　第五个镜头分 1

图 23.3.13　第五个镜头分 2

图 23.3.14　第五个镜头分 3

（6）第六个镜头给了第三层中部，运用到了一个后拉，为"分"，如图 23.3.15～图 23.3.17 所示。

图 23.3.15　第六个镜头分 1

图 23.3.16　第六个镜头分 2

图 23.3.17　第六个镜头分 3

(7)第七个镜头给办公楼的一个后拉，作为一个结尾，为"总"，如图 23.3.18 和图 23.3.19 所示。

图 23.3.18　第七个镜头分 1

图 23.3.19　第七个镜头分 2

这样七个镜头，开头结尾为总，第二镜到第六镜为分，这样的话，分镜就算创建完毕了，可以通过编辑来进行合并一个动画，导出后观察看看有没有错误的地方。

使用总分总的由远及近的思路创建了七个分镜，接下来就可以在分镜的基础上增加一些特效，如阴天、下雨、夜晚、时间影响、光线等。

23.3.2 分镜动画编辑

第一个阴天下雨，用到下方标准的操作按键"天气"命令，如图 23.3.20 所示。

图 23.3.20 "天气"命令　　　　　　　　　　　　　　　分镜动画编辑

在"天气"里可以更改天气的变换状态，如图 23.3.21 所示，单击之后出现如图 23.3.22 所示界面。

图 23.3.21 天气界面

图 23.3.22　天气界面

　　此处应注意一个问题，在下雨的时候人还在行走，这时需要注意，要用到一个操作，即阶段划分，即在下雨的时候把人物隐藏掉为一个阶段，不下雨的时候为另外一个阶段，首先有个条件就是将外面的人进行编组，这样有助于对物体人物的分类整理。

　　阶段划分的操作为：单击小三角按钮，找到"阶段划分"并单击，如图 23.3.23～图 23.3.25所示。

图 23.3.23　阶段划分 1

图 23.3.24　阶段划分 2

图 23.3.25　阶段划分 3

把分类好的室外人物车辆进行隐藏，可关闭"小眼睛"命令，在红框所标位置，单击"阶段"后再单击"右边小圆圈"进行刷新，如图 23.3.26 所示。

图 23.3.26　刷新

关闭后，回到的"More"里面相机设置，在里面找到"阶段"工具栏，如图 23.3.27 所示。

图 23.3.27　阶段

这两个地方的阶段互相对应，应用后，会发现在这个下雨镜头中人物就会隐藏掉了，在其他镜头当中会正常的出现，如图 23.3.28 和图 23.3.29 所示。

图 23.3.28　人物阶段(一)

图 23.3.29 人物阶段(二)

通过调节时间,下雨天夜晚会效果更好一点。

当然可以使用调节时间来突出一个时间点,对于光线影响的一个操作,就像四季的变换一样,如图 23.3.30 和图 23.3.31 所示。

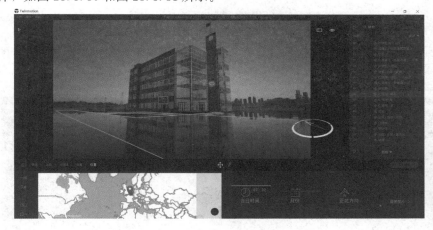

图 23.3.30 调节时间

时间天气

图 23.3.31 光线的变化

添加一个镜头用来操作光线的变换，如图 23.3.32 所示。

图 23.3.32　操作光线变化

可以使用"阶段划分"，阶段划分完成后，就可以对创建的分镜调整时间，如图 23.3.33 所示。

图 23.3.33　时间调整

通过时间的变换，看到光线的位置的变换。

在创建分镜当中也有很多的功能也可以使用，能够创建不同的效果。

23.4　　相关技术：施工动画的原理

在 Twinmotion 中创建施工动画要学会的是使用"阶段划分"的操作，前面已经使用过了，在第一阶段怎么操作，在第二阶段怎么操作，23.5 节将对一个模型进行详细操作，三维模型截图如图 23.4.1 所示。

图 23.4.1　动画模型

Revit 建模

创建模型对这个建筑进行阶段划分，需要使用的是 Revit 的模型拆解导出，然后导入 Twin-motion 中。

23.5　　相关技术：施工动画的创建

第一个导入的是地板，从右侧的变形数据中可以知道它的位置信息，方便以后导入模型定位。在导入第一个地板的时候可以给地板添加施工人员和施工机械设备，用来划分出第一个阶段，如图 23.5.1 和图 23.5.2 所示。

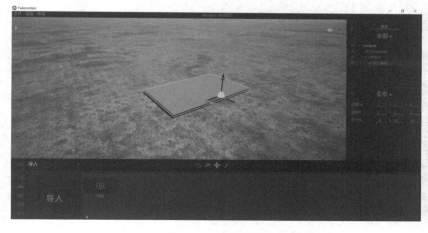

图 23.5.1　地板 1

地面

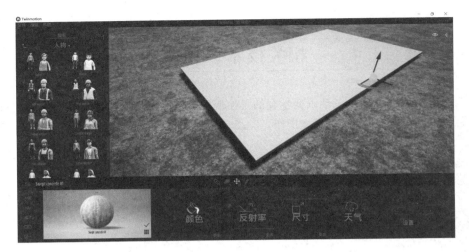

图 23.5.2　地板 2

在"人物"中选择施工人员可以进行添加，如图 23.5.3 和图 23.5.4 所示。

图 23.5.3　人物 1

图 23.5.4　人物 2

在"城市"的一项当中有施工的物体可以选择，如图 23.5.5 所示。

图 23.5.5　物体

在"资源库"里面的"车辆"其他选项当中有"施工车辆机械"，如图 23.5.6 和图 23.5.7 所示。

图 23.5.6　施工机械 1

图 23.5.7　施工机械 2

然后继续导入模型，使用"阶段划分"进行动画的创作，如图 23.5.8～图 23.5.13 所示。

图 23.5.8　动画阶段划分 1

图 23.5.9　动画阶段划分 2

图 23.5.10　动画阶段划分 3

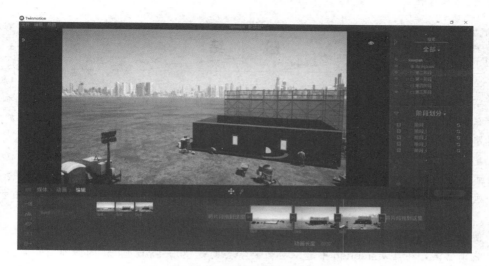

图 23.5.11 动画阶段划分 4

图 23.5.12 动画阶段划分 5

图 23.5.13 动画阶段划分 6

本任务讲解了在创建分镜动画的过程当中需要注意的是什么，尤为重要的便是思路，进一步精细地分镜时候，运用到光线的调节，在更多的选项当中更多的操作，都可以增加创作的思路，在导出的时候选择默认选项就可以。

单击"媒体"标签，出现"图片""全景图片""动画""阶段划分""演示者"五个命令。这五个命令可划分为四个过程：创建静态图，即"图片"命令；创建全景图，即"全景图片"命令；创建动画，即"动画"和"阶段划分"命令；创建一个 exe 的交付包，供其他人查看，即"演示者"命令。

使用总分总、由远及近的方式创制分镜动画。

施工动画，在 Twinmotion 中施工动画要学会的是使用"阶段划分"的操作，在第一阶段怎么操作，在第二阶段怎么操作，对这个建筑的阶段划分，需要使用的是 Revit 的模型拆解导出，然后导入 Twinmotion 中。

要轻松地掌握阶段划分的功能，分阶段地显示动画，对物体分阶段地显示时间，可以更详细地添加一些真实的地形、真实的建筑，选择好参照物，利用时间的变化、天气的变换等来提高动画的精细程度。

习题与能力提升

见"习题与能力提升视频资源库"中的习题视频资源23。

习题与能力提升视频资源库

习题视频资源 1. 新建 Revit 项目

习题 1

使用系统自带的建筑样板新建一个项目文件，设置"项目发布日期"为"2021 年 7 月"，"客户名称"为学生本人姓名，"项目名称"为学生所在学校，"项目地址"为学生所在学校的地址。请将模型以"学号后两位＋学生姓名＋建模环境设置"为文件名进行保存上交。

习题 2

根据 1.2 节，在计算机中找到系统自带的样板文件位置，并在"选项"中进行样板文件与软件的挂接。

习题 3

关闭 Revit 工作界面中的"属性"选项板和项目浏览器，根据 1.3 节再次调出"属性"选项板和项目浏览器。

习题 4

完成全国 BIM 技能等级考试第 12 期第 4 题的建模环境设置，详见"全国 BIM 技能等级考试第 12 期第 4 题真题讲解"。

习题视频资源 1　习题 1　　习题视频资源 1　习题 2　　习题视频资源 1　习题 3

习题视频资源 2. Revit 创建标高、轴网

习题 1

全国 BIM 技能等级考试第 10 期第 1 题"轴网"。

习题 2

全国 BIM 技能等级考试第 8 期第 1 题"环形轴网"。

习题 3

完成全国 BIM 技能等级考试第 12 期第 4 题的标高轴网创建，详见"全国 BIM 技能等级考试第 12 期第 4 题真题讲解"。

习题视频资源2　习题1　　　　习题视频资源2　习题2

习题视频资源 3. Revit 创建墙体

习题 1

创建一面高为 3 m、长为 5 m 的墙体，该墙体构造层为"5 mm 黄色涂料＋30 mm 水泥砂浆＋50 mm 保温层＋240 mm 普通砖＋20 mm 水泥砂浆＋5 mm 白色涂料"。请将模型以"学号后两位＋学生姓名＋墙体构造层设置"为文件名进行保存上交。

习题 2

创建一面高为 3 m，弧半径为 4 m，弧度为 90°，墙体构造层同习题 1 的弧形墙体。请将模型以"学号后两位＋学生姓名＋弧形墙体"为文件名进行保存上交。

习题 3

创建一面高为 3 m、长为 5 m 的复合墙，该复合墙的构造层为"5 mm 复合层＋30 mm 水泥砂浆＋50 mm 保温层＋240 mm 普通砖＋20 mm 水泥砂浆＋5 mm 白色涂料"，其中 5 mm 复合层为下部 150 mm 范围内为黑色涂料、上部为黄色涂料。请将模型以"学号后两位＋学生姓名＋复合墙"为文件名进行保存上交。

习题 4

创建一面高为 3 m、长为 5 m 的叠层墙，该叠层墙下部 500 mm 范围内为 300 mm 厚混凝土墙、上部为 190 mm 砌块墙。请将模型以"学号后两位＋学生姓名＋叠层墙"为文件名进行保存上交。

习题 5

完成全国 BIM 技能等级考试第 12 期第 4 题的一层墙体创建，详见"全国 BIM 技能等级考试第 12 期第 4 题真题讲解"。

习题视频资源3　习题1　　习题视频资源3　习题2　　习题视频资源3　习题3　　习题视频资源3　习题4

习题视频资源 4. Revit 创建楼板

习题 1

创建一个长为 9 m、宽为 3 m、长度方向倾斜 30°的斜楼板。

习题 2

创建一个长为 9 m、宽为 3 m、右侧向上倾斜 1.5 m 的斜楼板。

习题 3

按照下图中的立面图做一个宽度为 3 m 的折形楼板。

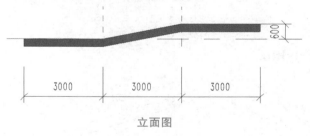

立面图

习题 4

完成全国 BIM 技能等级考试第 12 期第 4 题的一层楼板的创建，详见"全国 BIM 技能等级考试第 12 期第 4 题真题讲解"。

习题视频资源 4　习题 1　　习题视频资源 4　习题 2　　习题视频资源 4　习题 3

习题视频资源 5. Revit 创建结构柱、建筑柱

习题 1

创建一根高度为 3.6 m 的结构柱，该结构柱下部 2 m 范围为 500 mm×500 mm 的混凝土柱，上部为 300 mm×300 mm 的混凝土柱。

习题 2

完成全国 BIM 技能等级考试第 12 期第 4 题一层柱的创建，详见"全国 BIM 技能等级考试第 12 期第 4 题真题讲解"。

习题视频资源 5　习题 1

习题视频资源 6. Revit 创建门窗

习题 1

完成全国 BIM 技能等级考试第 12 期第 4 题的一层门窗的创建。

习题 2

完成全国 BIM 技能等级考试第 12 期第 4 题的二层、三层墙体、楼板、门窗的创建，详见"全国 BIM 技能等级考试第 12 期第 4 题真题讲解"。

习题视频资源 7. Revit 创建屋顶

习题 1

完成全国 BIM 技能等级考试第 11 期第 1 题屋顶的创建。

习题 2

完成全国 BIM 技能等级考试第 12 期第 4 题屋顶的创建，详见"全国 BIM 技能等级考试第 12 期第 4 题真题讲解"。

习题 3

按照下图创建老虎窗屋顶。

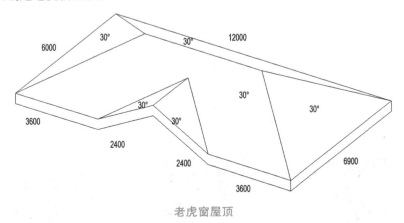

老虎窗屋顶

习题视频资源 7　习题 1　　　习题视频资源 7　习题 3

习题视频资源 8. Revit 创建楼梯、栏杆扶手、洞口

习题 1

完成全国 BIM 技能等级考试第 9 期第 2 题楼梯的创建。

习题 2

完成全国 BIM 技能等级考试第 12 期第 4 题楼梯的创建，详见"全国 BIM 技能等级考试第 12 期第 4 题真题讲解"。

习题视频资源 8　习题 1(1)　　习题视频资源 8　习题 1(2)

习题视频资源 9. Revit 创建幕墙及幕墙门窗

习题 1

完成全国 BIM 技能等级考试第 6 期第 2 题幕墙的创建。

习题 2

完成全国 BIM 技能等级考试第 12 期第 4 题幕墙的创建，详见"全国 BIM 技能等级考试第 12 期第 4 题真题讲解"。

习题视频资源 9　习题 1

习题视频资源 10. Revit 创建其他常用建筑构件

习题 1

完成全国 BIM 技能等级考试第 12 期第 4 题一楼、屋顶的优化，详见"全国 BIM 技能等级考试第 12 期第 4 题真题讲解"。

习题 2

完成全国 BIM 技能等级考试第 12 期第 4 题台阶的创建，完成全部的 BIM 模型，详见"全国 BIM 技能等级考试第 12 期第 4 题真题讲解"。

习题视频资源 11. Revit 创建族以及族的参数化

习题 1

完成全国 BIM 技能等级考试第 10 期第 2 题"台阶"族的创建。

习题 2

完成全国 BIM 技能等级考试第 11 期第 3 题"鸟居"族的创建。

习题 3

完成 2021 年第 1 期"1＋X"BIM 初级考试实操题一"椅子"族的创建。

习题视频资源 11　习题 1　　习题视频资源 11　习题 2　　习题视频资源 11　习题 3

习题 4

完成 2021 年第 2 期"1＋X"BIM 中级结构工程实操题二"混凝土空心板"族的创建。

习题 5

完成 2019 年第 2 期"1＋X"BIM 中级结构工程实操题二"牛腿柱"族的创建。

习题 6

完成 2019 年第 1 期"1＋X"BIM 中级结构工程实操题二"七桩二阶承台基础"族的创建。

习题视频资源 11　习题 4　　　习题视频资源 11　习题 5　　　习题视频资源 11　习题 6

习题视频资源 12. Revit 创建体量以及体量研究

习题 1

完成全国 BIM 技能等级考试第 9 期第 3 题"建筑形体"体量的创建。

习题 2

完成全国 BIM 技能等级考试第 10 期第 3 题"柱脚"体量的创建。

习题视频资源 12　习题 1(1)　　习题视频资源 12　习题 1(2)　　习题视频资源 12　习题 2

习题视频资源 13. Revit 创建场地

习题 1

打开"习题视频资源 13-教学楼 A 楼"BIM 模型，按照下图创建建筑场地、建筑地坪、柏油路子面域和建筑构件。

习题视频资源 13　习题 1

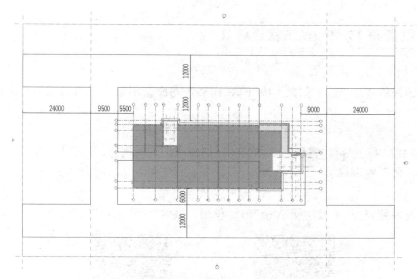

道路边界线图

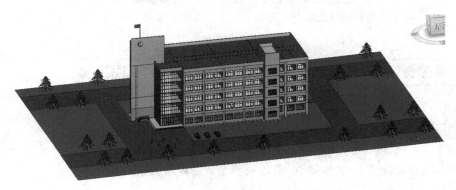

场地完成图

习题视频资源 14. Revit 材质设置、渲染与漫游

习题 1

打开"习题视频资源 14-教学楼 A 楼"BIM 模型，进行"东北角鸟瞰图"渲染。

习题 2

打开"习题视频资源 14-教学楼 A 楼"BIM 模型，完成绕行建筑物一圈并进入到建筑物内部的漫游。

习题视频资源 14 习题 1(1)　　　习题视频资源 14 习题 1(2)　　　习题视频资源 14 习题 2

习题视频资源 15. Revit 工程量统计

习题 1

打开"习题视频资源 15-教学楼 A 楼"BIM 模型，完成窗明细表、门明细表、房间面积明细表的创建。

习题 2

完成全国 BIM 技能等级考试第 12 期第 4 题门窗明细表的创建，详见"全国 BIM 技能等级考试第 12 期第 4 题真题讲解"。

习题 3

打开"习题视频资源 14-教学楼 A 楼"BIM 模型，放置"学校标识"贴花。

习题视频资源 15 习题 1　　　　习题视频资源 15　习题 3

习题视频资源 16. Revit 施工图出图及以 DWG 为底图建模

习题 1

打开"习题视频资源 16-教学楼 A 楼"BIM 模型，创建建筑平面图出图视图。

习题 2

打开"习题视频资源 16-教学楼 A 楼"BIM 模型，创建建筑立面图出图视图。

习题 3

打开"习题视频资源 16-教学楼 A 楼"BIM 模型，创建建筑剖面图出图视图。

习题 4

打开"习题视频资源 16-教学楼 A 楼"BIM 模型，完成施工图布图、打印和导出 AutoCAD DWG 文件。

习题 5

完成全国 BIM 技能等级考试第 12 期第 4 题"2-2 剖面图"的创建，并导出 AutoCAD DWG 文件，详见"全国 BIM 技能等级考试第 12 期第 4 题真题讲解"。

习题视频资源 16　习题 1　　习题视频资源 16　习题 2　　习题视频资源 16　习题 3(1)

习题视频资源 16   习题 3(2)　　习题视频资源 16   习题 4

习题视频资源 17. Twinmotion 与 Revit 模型同步

习题 1

利用 Revit 自带模板练习使用 Twinmotion 同步 Revit 的使用方法（安装路径 Program Files\Autodesk\Revit 2019\Samples，右下方最后一个模型）。若安装路径不同，没有找到自带案例文件，请使用随书文件"模型"进行操作。

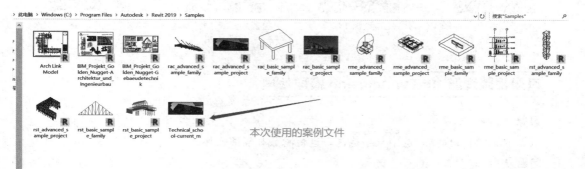

案例文件位置

习题 2

练习并熟悉 Twinmotion 的工作界面。

习题 3

将同步后模型保存成 .fbx 格式。

习题视频资源 17   习题 2　　习题视频资源 17   习题 3

习题视频资源 18. Twinmotion 界面认识

习题 1

根据"习题视频资源 17"中"习题 1"导出的文件，在 Twinmotion 里单击保存"文件"命令，进行保存和退出操作。

习题 2

根据"习题视频资源 17"中"习题 1"导出的文件，在 Twinmotion 里单击"编辑"命令，进行"资源收集器"操作。

习题 3

根据"习题视频资源 17"中"习题 1"导出的文件，在 Twinmotion 里单击保存"材质资源库"命令，试将各种材质放到 Twinmotion 中查看效果。

习题 4

根据"习题视频资源 17"中"习题 1"导出的文件，在 Twinmotion 里进行"编辑"→"偏好设置"、"视窗质量"、"外观"等操作。

习题视频资源 18 习题 1 　习题视频资源 18 习题 2 　习题视频资源 18 习题 3 　习题视频资源 18 习题 4

习题视频资源 19. Twinmotion 模型处理

习题 1

根据 Rerit 自带模型，选中某个构件，进行隐藏和隔离操作。

习题 2

根据 Rerit 自带模型，进行模型检查。

习题视频资源 19 　习题 1 　　习题视频资源 19 　习题 2

习题视频资源 20. Twinmotion 视角丰富

习题 1

根据 Revit 自带模型，更换背景图片"城市"模式并将视窗质量调整成"精致"。

习题 2

根据 Revit 自带模型，进行白天和黑夜调整。

习题 3

根据 Revit 自带模型，进行晴天、雨天、下雪等模式更换。

习题 4

根据 Revit 自带模型，进行春夏秋冬四季模式更换。

习题视频资源 20　习题 1　　习题视频资源 20　习题 2

习题视频资源 21. Twinmotion 地形

习题 1

根据 Revit 自带模型，将模型设置成平草地。

习题 2

根据 Revit 自带模型，设置凸起丘陵和凹陷地坑。

习题 3

根据 Revit 自带模型，利用上题所挖凹陷地坑，找到"海洋"这个命令，对地坑进行水体填充。

习题视频资源 21　习题 1　　习题视频资源 21　习题 2　　习题视频资源 21　习题 3

习题视频资源 22. Twinmotion 外环境设置

习题 1

根据 Revit 自带模型，给模型设置草地、树木。

习题 2

根据 Revit 自带模型，给模型设置光源。

习题 3

根据 Revit 自带模型，给模型设置广告贴图和道路贴标。

习题 4

根据 Revit 自带模型，给模型设置人群和车辆路径。

习题视频资源 22　习题 1　　习题视频资源 22　习题 2　　习题视频资源 22　习题 3

习题视频资源 23. Twinmotion 照片、动画、交付包、施工成果

习题 1

根据 Revit 自带模型，给模型设置不同角度照片。

习题 2

根据 Revit 自带模型，设置关键帧。

习题 3

根据 Revit 自带模型，设置分镜头。

习题 4

自己设计一个小别墅进行施工动画演示。

习题视频资源 23　习题 1　　　习题视频资源 23　习题 2　　　习题视频资源 23　习题 3

习题视频资源 24. Revit 建模综合实例——别墅工程

完成 2021 年第 1 期"1＋X"BIM 初级考试实操题第三题"别墅"工程实例。

习题视频资源 24

习题视频资源 25. Revit 建模综合实例——办公楼工程

完成全国 BIM 技能等级考试第 13 期第 4 题"办公楼"工程实例。

习题视频资源 25(1)　　　习题视频资源 25(2)　　　习题视频资源 25(3)

习题视频资源 26. Revit 建模综合实例——污水处理站工程

完成全国 BIM 技能等级考试第 9 期第 5 题"污水处理站"工程实例。

习题视频资源 27. Revit、Twinmotion 联合应用实例——别墅工程

利用 2021 年第 1 期"1＋X"BIM 初级考试实操题第三题"别墅"工程实例，将别墅放置在某个山脉脚下，别墅旁设置树木，停放车辆，设置湖泊，设置白天和夜晚、晴天和雨天景象。

习题视频资源 28. Revit、Twinmotion 联合应用实例——办公楼工程

利用全国 BIM 技能等级考试第 13 期第 4 题"办公楼"工程实例，将办公楼放置在平地上，周围设置草地，办公楼前设置喷泉、树木、停放车辆，设置春夏秋冬一年四季变化。

习题视频资源 29. Revit、Twinmotion 联合应用实例——污水处理站工程

利用全国 BIM 技能等级考试第 9 期第 5 题"污水处理站"工程实例，设置车行道、人行道、警示牌的摆放。

习题视频资源 26   习题视频资源 27   习题视频资源 28   习题视频资源 29

参 考 文 献

[1] 中华人民共和国住房和城乡建设部 . JGJ/T 448—2018 建筑工程设计信息模型制图标准[S]. 北京：中国建筑工业出版社，2018.

[2] 中华人民共和国住房和城乡建设部 . GB/T 51301—2018 建筑信息模型设计交付标准[S]. 北京：中国建筑工业出版社，2019.

[3] 中华人民共和国住房和城乡建设部 . GB/T 51212—2016 建筑信息模型应用统一标准[S]. 北京：中国建筑工业出版社，2017.

[4] 中华人民共和国住房和城乡建设部 . GB/T 51235—2017 建筑信息模型施工应用标准[S]. 北京：中国建筑工业出版社，2018.

[5] 廊坊市中科建筑产业化创新研究中心 . "1+X"建筑信息模型(BIM)职业技能等级证书——教师手册[M]. 北京：高等教育出版社，2019.

[6] 廊坊市中科建筑产业化创新研究中心 . "1+X"建筑信息模型(BIM)职业技能等级证书——建筑信息模型(BIM)建模技术[M]. 北京：高等教育出版社，2020.

[7] 廊坊市中科建筑产业化创新研究中心 . "1+X"建筑信息模型(BIM)职业技能等级证书——城乡规划与建筑设计 BIM 技术应用[M]. 北京：高等教育出版社，2020.

[8] 廊坊市中科建筑产业化创新研究中心 . "1+X"建筑信息模型(BIM)职业技能等级证书——结构工程 BIM 技术应用[M]. 北京：高等教育出版社，2020.

[9] Autodesk Inc. Autodesk Revit Architecture 2019 官方标准教程[M]. 北京：电子工业出版社，2019.

[10] Autodesk Asia Pte Ltd. Autodesk Revit 2013 族达人速成[M]. 北京：同济大学出版社，2013.

[11] 秦军 . Autodesk Revit Architecture 201x 建筑设计全攻略[M]. 北京：中国水利水电出版社，2010.

[12] 宋强，赵研，王昌玉 . Revit 2016 建筑建模：Revit Architecture、Structure 建模、应用、管理及协同[M]. 北京：机械工业出版社，2019.

[13] 宋强，黄巍林 . Autodesk Navisworks 建筑虚拟仿真技术应用全攻略[M]. 北京：高等教育出版社，2018.

[14] 宋强 . Revit 建筑结构模型创建与应用协同[M]. 北京：高等教育业出版社，2021.